작업환경 소음관리

양 홍 석

지우북스

머리말

소음은 작업장에서 근로자의 건강과 안전에 직접적으로 영향을 미치는 중요한 환경 요인 중 하나입니다. 과도한 소음은 청력 손실, 스트레스 증가, 작업 효율 저하 등 다양한 부정적 결과를 초래할 수 있습니다. 특히 장기간 소음에 노출될 경우 소음성 난청으로 이어질 위험이 높아 체계적인 관리가 필수적입니다.

작업환경에서 소음을 적절히 관리하는 것은 단순히 법적 규정을 준수하는 것을 넘어 근로자의 건강증진과 생산성 증대를 동시에 이루기 위한 필수 과제입니다. 이를 위해서는 소음의 발생원관리, 전파경로관리, 수음자 보호의 3단계 접근법이 필요합니다.

대부분의 사업장에서 소음개선의 필요성은 느끼면서 전문적인 지식과 경험의 부재로 저비용 고효율의 개선 방법이 있는데도 과도한 예산을 편성하여 개선이 진행되고 있는 것이 안타까운 현실입니다.

이에 필자가 소음관리에 대한 이론을 바탕으로 현장에서 경험하고 관리하여 온 내용을 접목시켜 「작업환경 소음관리」라는 책을 출간하게 되었습니다.

본 「작업환경 소음관리」의 내용은 소음개론, 소음측정, 청력보존프로그램, 소음관리의 총 4장으로 구성하였고 그 중 무엇보다도 소음관리를 중심으로 한 사업장의 작업환경 관리 방안에 중점을 두어 집필하였으며 관련법의 규정과 안전보건공단의 지침을 참고하여 집필하였습니다. 소음발생의 원인을 분석하고, 적합한 제어 기술을 적용하여, 근로자의 청력 보호를 위한 효율적이고 최적의 조치를 제공하는 데 중점을 두고 작업환경에서의 소음 문제를 효과적으로 해결하기 위한 체계적인 관리 방안을 제시함으로 쾌적하고 건강한 작업 환경을 조성하고, 근로자의 건강과 작업 효율성을 동시에 보장하는 데 기여하고자 합니다.

필자가 산업보건에 입문한 지도 벌써 35년의 세월이 흘렀습니다. 지난 35년을 돌아보면 산업보건 분야도 세월만큼이나 많이 변한 것이 사실입니다. 하지만 세월 속에서 변하지 않은 사실은 근로자의 건강을 위해 여러 분야에서 종사하는 분들이 열심히 산업재해 예방을 위해 헌신적으로 일해 왔다는 사실입니다.

끝으로 본 책자의 출판에 열과 성의를 보여주신 지우북스의 서철종 대표님과 추천의 글로써 응원해 주신 염인철 목사님, 김영환 교수님, 제자, 친구 그리고 사업장의 보건관리자와 항상 옆에서 힘이 되어 주는 사랑하는 아내 손미희와 가족에게 감사의 인사를 드립니다.

이 책이 대한민국 산업현장에서 소음환경을 개선하려고 고민하는 모든 분들에게 도움이 되기를 간절히 바랍니다.

2025년 2월

梁 弘 錫

가장 큰 잘못은 의식하지 않는 것이다.

본다고 보는 것이 아니고, 듣는다고 들리는 게 아니다

관심을 가진 만큼 알게 되고, 아는 만큼 보이고 들리게 된다.

관심과 호기심이 모든 것의 출발점이다.

- 토머스 칼라일(영국 사상가) -

저는 평생 신학을 전공한 목사로서 어떻게 이 책에 대한 추천의 글을 써야 할지 난감했습니다. 작업환경과 소음관리에 대한 분야는 저의 전공이 아니기 때문입니다. 그래서 저는 이 책의 내용보다는 양홍석 집사님에 대한 추천을 드리고 싶습니다.

양홍석 집사님은 제가 저희 교회에 부임한 날부터 지금까지 십수 년을 매 주일 변함없이 예배당에서 안내를 하고 있습니다. 여러 명의 직원들과 함께 하는 제법 규모가 큰 사업체를 운영하고 있지만 누구보다 겸손하게 성도들을 섬기고 있습니다. 또한 가정과 교회와 사업장, 3가지 분야에서 모두 자신의 역할을 잘 감당하고 있습니다.

한 사람을 평가함에 있어서 그 사람의 말과 행동이 일치하는 것은 가장 중요한 기준이라고 할 수 있습니다. 그런 의미에서 본다면 저는 비록 제 전공분야가 아니라고 하더라도 이 책의 내용들이 분명히 독창적이고 정확한 정보들로 구성되어 있음을 짐작할 수 있습니다.

경제논리에만 매몰되어 있던 우리나라가 소음의 중요성을 깨닫고 그것이 사회 구성원들의 삶에 어떤 영향을 끼치는지를 재평가하게 된 것은 사실 그다지 오래되지 않은 것 같습니다. 그러므로 그곳이 어디든지, 모든 사회구성원들이 일하고 생활하는 삶의 현장에서 더 나은 환경을 만드는 일은 너무나 중요한 것이고, 앞으로 다가올 세대에 더 좋은 세상을 물려주는 일에 중요한 초석이 된다고 할 수 있습니다.

항상 최선을 추구하는 양홍석 집사님이 자신의 모든 경험을 쏟아서 기록한 책이라면 당연히 이런 목적을 충실히 감당하고, 또 이 분야에서 새로움 꿈을 키워가는 모든 분들에게 유용한 책이 될 것이라고 확신합니다.

염인철(원천 제자들교회 목사)

1962년부터 시작된 경제개발의 성공적 수행으로 인한 고속 경제 성장 덕분에 산업의 구조가 농업에서 제조업으로 급속하게 변하기 시작하였다. 이 시기부터 다양한 산업현장에서 발생될 수 있는 산업재해와 직업병 등의 발생으로 작업환경 관리의 중요성이 강조되기 시작하였다. 그리고 제4차 경제개발 5개년 계획이 끝나는 1981년에는 정부 및 학계, 안전기관·단체, 기업들의 열망이 모아져 산업안전보건법이 제정·공포되었으며, 1984년부터는 기술 인력을 확보하고자 국가기술자격법에 산업위생관리 기술사, 산업위생관리 기사 및 산업위생관리 산업기사 자격제도가 시행되어 전문 기술 인력에 의한 산업위생 분야의 발전이 지속적으로 지금까지 진행되어 오고 있고 앞으로도 산업위생의 발전을 위한 집중적 노력이 관련 분야에서 다양하게 계속되어야 할 것이다.

이 같은 측면에서 이번에 출간된 "작업환경 소음관리"는 작업장의 관리를 위한 매우 가치 있는 참고서가 될 것으로 확신한다.

『작업환경 소음관리』의 저자인 양홍석 박사는 산업안전보건을 위한 정부의 노력이 크게 증가되기 시작한 1980년대 말부터 지금까지 30년 이상 산업안전보건 분야의 발전을 위한 이론과 기술을 바탕으로 하여 현장에서 일관되게 노력해 온 교육자이자 기술사이며, 산업안전보건을 위한 기업의 최고 경영자이다.

구체적으로 저자는 고려대학교 보건환경융합과학부 겸임교수로 강의 하면서 그 동안 10여개 교육기관에서 산업보건 분야의 강의 경력을 갖고 있으며, 또한 20편 이상의 연구논문과 정부를 비롯한 공공단체의 자문 및 다양한 작업환경측정을 통하여 얻어진 결과를 바탕으로 작업환경의 개선과 근로자 건강 보호를 위한 노력을 아끼지 않고 소임을 다하는 열정의 참일꾼이다.

따라서 본 도서는 소음의 기초이론, 소음측정 방법, 청력보전프로그램, 작업환경 소음관리 등, 작업환경에서의 소음관리 방법을 집중적으로 정리함으로서 산업위생을 공부하고 있는 학생과 교육자, 산업현장의 기술인과 공공기관의 관련 종사자들에게 매우 소중한 참고서가 될 것으로 확신하면서 추천한다.

김영환(고려대학교 보건환경융합과학부 명예교수)

반가운 소식이 들려왔다.

대학 강단에서 후학들을 지도해 온 양홍석 박사님이 다년간 현장에서 경험한 실무를 바탕으로 소음개선 노하우를 집대성한『작업환경 소음관리』서적을 발간한다고 한다.

책 구성을 보니, 소음의 일반적인 개론에서 시작하여 소음의 측정 및 평가 방법, 청력보존프로그램 평가에 관한 내용, 그리고 소음발생 작업장에서 소음을 줄일 수 있는 20여 가지의 작업환경관리 방법과 개선 사례에 대해 실무자가 이해하기 쉽게 기술한 것이 이 책의 특징이다.

주지하다시피, 소음은 우리 실생활과 밀접한 연관이 있고 특히 민원이 자주 발생한다.

하지만 시중에 발간된 소음관련 서적은 손에 꼽을 정도로 이마저도 건축과 기계 중심으로 구성되어 있어, 작업환경 개선을 위해 손쉽게 접근 가능한 전문서적의 발간 필요성이 요구되고 있던 시기였다.

사업장을 가보면 좁은 공간에 붙어 있는 프레스 등 고소음 환경에 근로자들이 노출된 모습을 볼 수 있다. 이러한 상황은 규모가 작을수록, 노후된 장비가 많은 사업장일수록 더 많은 소음에 노출된다는 점이다.

작업자가 일정한 강도의 소음에 지속적이거나 반복적으로 노출되어 발생하는 소음성 난청은 한번 손상되면 다시는 정상적으로 재생이 불가능한 비가역성인 특징을 보인다.

나는 평소 이러한 상황을 안타깝게 생각해 왔고, 소음 저감을 위한 현장 개선 방법에 관심을 가져왔었다.

공학서적은 이해하기 쉽게 기술되어야 한다.

마침 소음 전문서적이 시의적절하게 발간되어, 기쁘게 생각하고 현장 실무자가 작업자의 건강보호를 위해 현장 개선 솔루션을 찾아 소음예방과 개선을 기울여 나간다면 이 책의 출간 목적에 부합될 것이다.

사업장의 작업환경 개선은 비용이 수반되므로 경영책임자의 리더십이 중요하다.

현장 발생 소음을 줄이기 위해 엔클로저(Enclosure)나 방음벽 등 설치는 고비용이 투자되어 대부분 귀마개 착용 등 관리적인 개선에 집중하는 경향이 있지만, 앞으로는 이 책에서 소개하는 도어 관리나 압축공기 및 에어노즐 관리, 작업장의 바닥 재질 선정 등의 저비용 방법을 통한 공학적인 개선에 집중하여 나간다면 사업장의 소음은 획기적으로 줄어들 것이라고 생각된다.

이 『작업환경 소음관리』 책은 환경분야와 산업위생 및 안전분야를 학습하는 현장의 실무자들뿐만 아니라 작업환경 개선을 하는 기관에게도 실습서로서 매우 유익하리라 생각되며 이 책을 통하여 현장의 소음을 줄여나가는 데 필독서가 되리라 확신한다.

현장의 실무자가 늘 곁에 두고 활용하는 그러한 전문서적이 되기를 기원한다.

정종식(현대모비스, 산업위생관리기술사, 산업보건지도사)

산업보건 분야에서 늘 깊은 통찰과 지혜를 나눠주신 교수님께서 이번 책을 집필하셨다는 소식을 듣고 진심으로 축하드립니다. 제자로서 교수님의 가르침을 통해 많은 것을 배웠고, 실무 현장에서 그것을 적용하며 전문성을 키워올 수 있었던 것은 제게 큰 행운이자 자부심입니다.

작업환경과 소음관리 분야의 발전에 중요한 기여를 할 이번 저서를 통해 더 많은 분들이 교수님의 풍부한 지식과 현장에서 우러나온 통찰을 접할 수 있기를 기대합니다. 다시 한 번 진심으로 축하드립니다.

이경현(기아, 고려대학교 보건환경융합과학부 졸업생)

양홍석 교수님의 신간 출간을 진심으로 축하드립니다.

소음은 산업 현장에서 가장 많이 노출되는 유해인자 중 하나이며, 직업병 유소견 중 소음성 난청이 차지하는 비율이 매우 높습니다. 소음에 의해 발생한 난청은 일단 발생하면 회복되지 않기 때문에 예방이 무엇보다 중요합니다. 하지만 국내에는 이 분야의 지식을 체계적으로 정리한 자료가 부족하여 저를 포함한 많은 담당자들이 어려움을 겪어왔습니다. 이러한 현실 속에서 교수님의 신간 출간은 매우 뜻 깊은 일입니다. 이 책은 소음의 이론적 배경부터 실무 적용까지, 소음 관리에 필요한 모든 지식을 체계적으로 담고 있습니다. 특히 기술사, 지도사 등을 준비하는 분들에게는 필독서로, 실무자들에게는 지침서로 큰 도움이 될 것이라 확신하며, 산업위생 분야 발전에 크게 기여할 이 책을 적극 추천합니다.

교수님의 가르침을 받은 제자로서, 다시 한번 출간을 진심으로 축하드리며, 앞으로도 학문 발전에 더욱 큰 업적을 이루시기를 존경하는 마음으로 기원합니다.

김세원(행정안전부, 숭실대학교 안전융합대학원)

2020년을 기점으로 국내외 안전보건 관련 법률법규가 지속적으로 강화되고 자사는 물론 고객, 협력사, 인근 주민 등 다양한 이해관계자의 관심도가 점차 증가되고 있습니다. 그러나 국내에 참고할 만한 안전보건 관련 도서가 많이 없는 것 또한 당면한 서글픈 현실입니다. 이러한 상황에서 산업보건, 특히 작업환경 소음 분야의 전문성은 물론 오랜 경험을 가진 양홍석 저자님의 좋은 책이 출간됨에 깊이 감사드립니다.

더불어 이 책을 통해 안전보건관리자는 물론 사업장에 있는 사람들의 이론이 깊어지고 각자 현업에 생생하게 관리되는 노하우가 축적되어 공유되는 선순환 시스템이 구축되길 기원합니다.

'안전보건은 공유하지 않으면 공멸한다'는 의미를 깊이 새기며…

이승배(LG인화원, 공학박사)

식품제조업의 보건관리자로 근무하면서 가장 저를 힘들게 했던 것은 공정 내 소음이었습니다. 막연하게 소음을 어떻게 줄여야 하는지만 고민하던 저에게, 양홍석 대표님께서는 소음의 특징, 전파원리 등을 상세히 설명해 주시며 소음이 무엇인지 먼저 이해하고 접근할 수 있도록 지도해 주셨습니다. 누구보다 열정적으로 소음개선을 위해 현장에 오랜 시간 머무르며, 현장에서의 발생 소음을 에너지와 같이 올바르게 다루고 관리하도록 현장 상황에 맞게 적용해 주시는 모습에 감동을 받았습니다.

그러한 양홍석 대표님께서 소음에 관련한 책을 쓰셨다니 너무 기대가 됩니다. 이 책을 통해 많은 분들이 작업환경개선에 큰 힘을 얻으셨으면 좋겠습니다.

한지연(CJ제일제당 보건관리자)

눈에 보이지 않지만 삶의 일부분을 구성하는 다양한 소리들. 우리는 소리의 울림 속에 살고 있다. 소리는 우리의 삶에 다양한 방식으로 존재하며 어떤 사람에게는 원하지 않는 소리로 인식될 수 있는데 그것을 우리는 소음이라 칭한다. 소음과 관련하여 현재 잊고 있었던 혹은 무관심 속에 지나칠 수 있는 기본적인 것이 무엇인지 차분히 생각해 볼 기회를 주는 책. 우리가 먼 곳에서 찾아 헤매다가 발견하게 되는 책. 소음에 대한 특성과 그에 대한 의미 있는 해결책을 제시해 주는 책. 나는 이 책을 통해 명확한 소음에 관한 해법을 알게 되었다.

배승현(HNS산업보건연구소, 산업위생관리기술사, 산업보건지도사)

차례

제1장 소음개론 15

제2장 소음측정 55

제3장 청력보존프로그램 87

제 1 장

소음개론

1.1 소음일반

사람들은 살아가면서 다양하면서 수많은 소음에 노출되어 살아가고 있다. 생활소음, 교통소음은 물론 산업소음 등에 노출되어 있다.

소음은 공기의 진동에 의하여 음파 중에서 사람들이 들을 수 있는 영역의 음으로 '원하지 않는 소리, 듣기 싫은 소리'로 정의된다.

정의에서 알 수 있는 것처럼 소음은 상당히 주관적, 심리적인 개념을 가지고 있는 인자이다.

밤에 물방울이 떨어지는 소리 또는 시계의 초침 가는 소리 때문에 이러한 소리가 신경이 쓰여서 잠을 이뤄보지 못한 사람의 경우는 이러한 소리가 소음으로 규정될 수 있다. 그러나 이러한 음들은 음의 크기가 낮은 수준을 보인다.

그리고 사람들이 좋아하는 음악도 어떤 사람은 조용한 발라드 음악을 어떤 사람은 하드록 계통의 시끄러운 음악을 좋아하는 사람들이 있는데 이 경우 서로 반대되는 장르의 음악은 듣기 싫은 소음이다.

산업보건에서는 이러한 소음에 대한 일반적인 정의보다는 근로자에게 노출이 되었을 때 청력장애를 유발할 수 있는 고음압의 음을 소음으로 규정하고 있다.

다시 말하면 고음압, 고주파의 음들이 여기에 해당한다고 말할 수 있다.

1.2 소음의 물리적 특징

1.2.1 주파수와 진폭

소음측정은 소음의 진폭, 주파수, 지속 시간 등을 측정하여 정량적 데이터로 변환하는 과정이다.

1) 주파수

주파수는 한 지점을 1초 동안에 진행하는 마루 또는 골의 평균횟수 또는 1초 동안의 사이클(cycle) 수를 말한다. 주로 f로 표시하고 주파수를 나타내는 단위는 Hz 및 c/s(cycle per second)를 사용한다. 사람이 들을 수 있는 주파수 영역은 통상적으로 20~20,000 Hz 사이의 주파수 영역을 말하는데 이를 중심주파수(1/1 octaveband) 별로 보면 31.3, 63, 125, 250, 500, 1,000, 2,000, 4,000, 8,000, 16,000 Hz가 있으며 이 중 500~1,000 Hz는 사람 목소리의 주된 주파수이며 이 주파수보다 낮은 주파수를 저주파 영역 그리고 높은 주파수를 고주파 영역의 소음으로 구분한다.

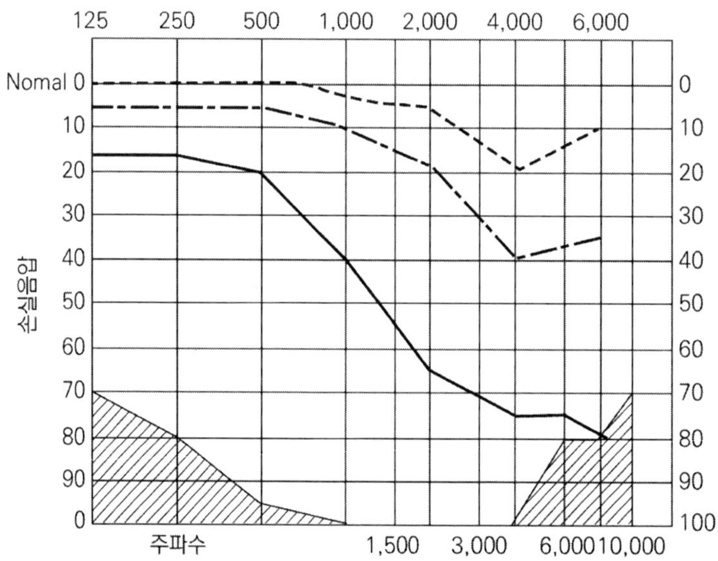

그림 1.1 소음성 난청(C_5-dip) 증상의 그래프

그리고 소음성 난청의 초기 증상인 C_5-dip 현상은 사람의 목소리보다 높은 고주파 영역의 4,000 Hz(C_5)에서의 증상을 의미한다.

그래서 고주파 영역의 소음에 반복적으로 노출되면 소음성 난청으로 이환되기 쉽다. 이러한 이유 때문에 산업보건에서는 음압도 중요하지만 발생하는 음의 특성인 주파수를 중요하게 생각한다.

2) 파장

위상의 차이가 360°가 되는 거리를 말한다. 즉 1주기(cycle)의 거리를 파장이라고 한다. 보통 기호로 λ로 표시하고 단위는 m을 사용한다.

3) 진폭

음원으로부터 주어진 거리만큼 떨어진 위치에서 발생 되는 음의 최대 변위치를 말하며 소음 진폭은 소음의 크기를 나타내는 지표 중 하나로, 소음의 강도와 지속 시간을 고려하여 측정된다.

소음은 진동수와 진폭에 의하여 변하며, 사람이 감지할 수 있는 진동 범위는 20~20,000 Hz이다.

소음의 세기를 나타내는 단위로는 데시벨(Decibel)을 사용하며, 1,000 Hz를 기준으로 정한 소리에 10배, 100배, 1,000배의 에너지를 가진 소리를 각각 10, 20, 30 dB(A)이라 정하였는데 여기서 10 dB 증가 시 소리의 세기는 10배가 되기에 20 dB은 10 dB의 2배 세기가 아니라 10배 세기의 소음이다.

4) 주기

주기는 한 파장이 전파되는 데 소요되는 시간을 말한다. 주로 T로 표시하며 단위는 sec를 사용한다. 주기와 주파수는 역비례 관계이다.

$$T = \frac{1}{f}$$

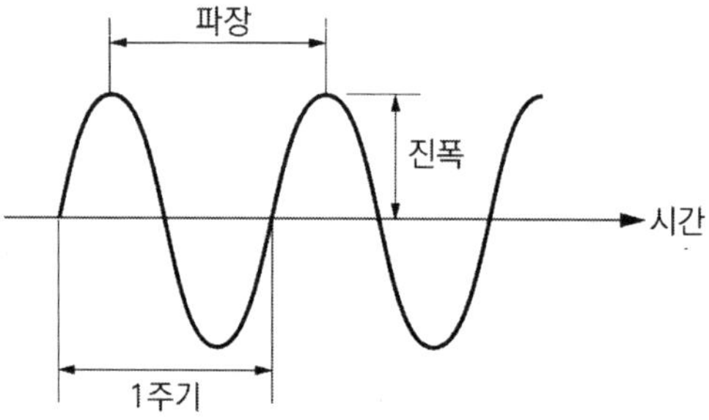

그림 1.2 파장, 진폭, 주기

5) 음속

음속은 음파의 속도를 의미한다.

음파는 음압의 변화에 따라 매질을 통하여 전달하는 종파(소밀파, 압력차, P파)를 말하며 식으로는 다음과 같이 나타낸다.

$$음속(C) = f \times \lambda$$

여기서, C : 음속(m/sec)
f : 주파수(l/sec)
λ : 파장(m)

$$음속(C) = 331.42 + 0.6(t)$$

여기서, C : 음속(m/sec)
t : 음전달 매질의 온도(℃)

1.3 소음의 단위

1.3.1 데시벨(dB, decibel)

데시벨(dB)이란 음의 전파 방향에 수직한 단위면적을 단위시간에 통과하는 음의 세기량 또는 음의 압력량을 말하며 소음의 크기를 나타내는 대표적인 단위이다.

데시벨은 Weber-Fethner의 법칙에 의해 사람의 감각량(반응량)은 자극량(소리 크기량)에 대수적으로 비례하여 변하는 것을 기본적인 이론으로 하며 사람이 들을 수 있는 음압은 0.00002~60 N/m²의 범위이며, 이것을 dB로 표시하면 0~130 dB이 된다.

음압은 직접 사용하는 것보다 dB로 변환하여 사용하는 것이 편리하다.

1.3.2 sone

sone은 감각적인 음의 크기(loudness)를 나타내는 양을 말하며 1,000 Hz에서의 압력수준인 dB을 기준으로 하여 등감곡선을 소리의 크기로 나타내는 단위이다.

1,000 Hz 순음의 음의 세기 레벨에서 40 dB의 음의 크기를 1 sone으로 정의하며, 1,000 Hz 순음 40 phon을 1 sone이라 한다.

그러므로 sone은 소음의 감각량을 나타내는 단위이고 sone 값이 2배, 3배로 증가하면 감각량의 크기도 2배, 3배로 증가한다.

1.3.3 phon

phon은 감각적인 음의 크기 레벨인데 1,000 Hz 순음의 크기와 평균적으로 같은 크기로 느끼는 1,000 Hz 순음의 음의 세기 레벨로 나타낸 것이 phon이다.

phon은 1,000 Hz에서 압력수준 dB을 기준으로 하여 등감곡선을 소리의 크기로 나타낸 단위이다.

dB과 phon의 관계는 주파수에 따라 달라지나, 1,000 Hz을 기준으로 해서 나타난 1

dB을 1 phon이라고 하며 여기서 phon의 수치는 음의 크기의 대소 관계를 나타낼 수는 있지만 심리량으로써 관계를 나타낼 수는 없다.

1,000 Hz를 기준으로 했을 때 1 dB은 1 phon과 동일한 값을 가진다. 하지만 phon은 음의 크기만을 나타내는 물리량이기 때문에 음의 세기나 음의 높이와는 무관하다. 반면 dB은 음의 크기뿐만 아니라 음의 세기와 음의 높이를 함께 고려한 상대적인 크기를 나타내는 단위이다. 따라서 phon보다는 dB이 좀 더 포괄적인 개념이라고 볼 수 있다. 또한, phon은 합 또는 양적인 비교 관계를 나타낼 수 없기 때문에 음악이나 음성 분석 등에서는 주로 dB을 사용한다.

phon과 sone을 비교하면 다음과 같은 관계가 있다.

$$S = 2^{\frac{(l_L - 40)}{10}} \text{(sone)}$$

$$L_L = 33.3 \log S + 40 \text{(phon)}$$

여기서, S : 음의 크기(sone)

L_L : 음의 크기레벨(phon)

phon과 sone을 비교하면 〈표 1.1〉과 같다.

표 1.1 phon과 sone의 비교

특징	phone	sone
정의	주관적인 음량의 크기 단위	객관적인 음량의 배수 관계 단위
기준	1 kHz에서 dB SPL 과 동일한 음량	40 phone = 1 sone
척도	로그 척도	배율 척도
두 배 음량 인지	약 10 phone 증가 시 두 배로 느껴짐	두 배 음량은 sone 값도 두 배로 증가
사용 목적	음량 평가 및 등청감 곡선	음량 비교 및 체감 배수 표현

1.4 소음의 음압레벨(SPL), 음세기레벨(SIL), 음향파워레벨(PWL)

1.4.1 SPL(Sound Pressure Level)

SPL(Sound Pressure Level)과 SIL(Sound Intensity Level)은 모두 소리의 크기를 측정하는 데 사용되는 단위이지만, 측정하는 물리적 속성과 계산 방식이 다르다. SPL(Sound Pressure Level)은 소리의 압력 변화 크기를 나타내는 물리적 단위로, 단위는 데시벨(dB)이다.

소리의 압력 진폭을 기준으로 측정하며, 사람의 청각이 소리의 크기를 느끼는 주요 물리적 요소이다.

SPL은 소리의 물리적 크기를 나타내고 인간의 청각 감각을 반영하지 않으며, 물리적 압력 값에 기반하며 기준 음압 20 μPa는 1 kHz에서 인간이 들을 수 있는 최소 음압을 나타낸다.

$$\mathrm{SPL} = 20\log\left(\frac{P}{P_0}\right)(\mathrm{dB})$$

여기서, SPL : 음압수준(음압도, 음압레벨)(dB)

P_0 : 정상청력을 가진 사람이 1,000 Hz에서 가청할 수 있는 최소음압실효치

(2×10^{-5} N/m^2=20 μPa=2×10^{-4} dyne/cm^2)

P : 대상음의 음압실효치(N/m^2)

1.4.2 SIL(Sound Intensity Level)

SIL은 단위 면적당 전달되는 소리의 에너지 흐름인 음향 강도를 나타내는 단위로써 단위는 데시벨(dB)을 사용한다.

소리의 에너지인 단위 면적당 전달되는 소리의 에너지 흐름을 기준으로 측정한다.

$$SIL = 10\log\left(\frac{I}{I_0}\right)(dB)$$

여기서, SIL : 음의 세기레벨(dB)

I_0 : 정상청력을 가진 사람의 최소가청음의 세기(10^{-12} W/m^2)

I: 대상음의 세기(W/m^2)

1.4.3 PWL(Sound Power Level)

PWL은 음원으로부터 단위시간당 방출하는 총 음압 에너지(총 출력)를 음향출력(음향파워)이라 한다.

PWL은 기준음의 파워(W_0)에 대한 임의의 소리의 파워(W)가 몇 배인가를 대수로 표시한 값이다.

$$PWL = 10\log\left(\frac{W}{W_0}\right)(dB)$$

여기서, PWL : 음향파워레벨(dB)

W_0 : 정상청력을 가진 사람의 최소가청음의 음향파워(10^{-12} W)

W: 대상음의 음향파워(W)

1.4.4 SPL과 SIL 관계

SPL과 SIL은 동일한 음원의 특성을 측정하지만, 음원의 거리나 전달 환경에 따라 다르게 표현된다.

음압과 음향 강도는 아래 관계식을 통해 연결된다.

$$I = \frac{p^2}{\rho c}$$

여기서, I : 음향 강도(W/m^2)

p : 음압(Pa)

ρ : 매질의 밀도(공기 중 약 1.2 kg/m³)

c : 매질에서 소리의 속도(공기 중 약 343 m/s)

(1) 관계 해석

① 음압(p)이 클수록 음향 강도(I)도 커진다.

② SPL과 SIL의 관계 : SIL은 음압의 제곱에 비례하므로, SPL이 20 dB 증가하면 SIL은 10 dB 증가한다.

(2) 예시

① 음압 p =0.2 Pa

$$I = \frac{(0.2)^2}{1.2 \times 343} = 9.7 \times 10^{-5} W/m^2$$

② $\text{SPL} = 20\log_{10}\left(\frac{0.2}{0.2 \times 10^{-6}}\right) = 80 \text{ dB}$

③ $\text{SIL} = 10\log_{10}\left(\frac{9.7 \times 10^{-5}}{10^{-12}}\right) = 80 \text{ dB}$

1.4.5 SPL과 PWL 관계

SPL은 상대적인 특정위치에서 소음레벨이고 PWL은 측정대상의 총 소음에너지를 의미한다.

$$PWL = 10\log\left(\frac{W}{W_0}\right)(\text{dB}) \quad \cdots\cdots (1)$$

$$W = I \times S \quad \cdots\cdots (2)$$

식 (1)에서 식 (2)를 대입하면

$$PWL = 10\log\left(\frac{W}{W_0}\right) = 10\log\left(\frac{IS}{I_0 S_0}\right) = 10\log\frac{I}{I_0} + 10\log\frac{S}{S_0}$$

여기서, S : 구의 표면적(m^2)

S_0 : 기준면적(1 m^2)

$$PWL = 10\log\left(\frac{I}{10^{-12}}\right) + 10\log S = \text{SIL}(\text{SPL}) + 10\log S$$

1.5 소음의 거리감쇠

음원은 점음원과 선음원으로 나누어지는데 점음원은 음원의 크기가 음의 전파거리에 비해 아주 작은 음원을 말하며 선음원은 고속도로의 자동차 소음과 철도소음처럼 여러 개의 점음원이 모여 선처럼 연결되는 음을 말한다.

1.5.1 음원이 점음원

① 음원이 자유공간(공중, 구면파 전파)에 위치할 때

$$\begin{aligned} \mathrm{SPL} &= \mathrm{PWL} - 10\log S \\ &= \mathrm{PWL} - 10\log(4\pi r^2) \\ &= \mathrm{PWL} - 20\log r - 11\,\mathrm{dB} \end{aligned}$$

② 음원이 반자유공간(바닥, 천장, 벽, 반구면파 전파)에 위치할 때

$$\begin{aligned} \mathrm{SPL} &= \mathrm{PWL} - 10\log S \\ &= \mathrm{PWL} - 10\log(2\pi r^2) \\ &= \mathrm{PWL} - 20\log r - 8\,\mathrm{dB} \end{aligned}$$

1.5.2 음원이 선음원

① 음원이 자유공간(공중, 구면파 전파)에 위치할 때

$$\begin{aligned} \mathrm{SPL} &= \mathrm{PWL} - 10\log S \\ &= \mathrm{PWL} - 10\log(2\pi r) \\ &= \mathrm{PWL} - 10\log r - 8\,\mathrm{dB} \end{aligned}$$

② 음원이 반자유공간(바닥, 천장, 벽, 반구면파 전파)에 위치할 때

$$\begin{aligned}\mathrm{SPL} &= \mathrm{PWL} - 10\log S \\ &= \mathrm{PWL} - 10\log(\pi r) \\ &= \mathrm{PWL} - 10\log r - 5\,\mathrm{dB}\end{aligned}$$

이 식으로 볼 때 점음원은 거리가 2배가 될 때마다 6 dB씩 감소하고 선음원은 3 dB씩 감소한다.

1.6 인체에 미치는 영향

발생한 음은 우리 인체의 외이도를 거쳐 중이에 이르게 되고 중이에서 진동이 된 음은 추골, 침골, 등골을 거쳐 내이의 난원창으로 전달된다. 이때의 압력은 내이액을 움직여 진정관과 고막관을 통하여 정원창에 이르러 없어진다. 이러한 내이액의 진동은 와우각관의 막에 부딪혀서 그 속에 있는 코르티씨 기관의 유모세포를 자극하고 이에 연결된 신경에 전달되어 뇌에 전달되게 된다.

소음이 인체에 미치는 영향은 일과성 청력장애와 영구성 청력장애가 있으며 일과성 청력장애는 청각의 피로로 일어나며 소음 환경을 벗어나면 회복할 수 있는 장애이다. 그러나 영구성 청력장애는 초기 증상이 C_5인 4,000 Hz에서 일어나며 지속하여 소음에 노출이 일어날 시에는 가청 주파수 전 영역으로 확산되어 회복과 치료가 불가능하게 되는 장애이다. 그리고 소음은 이러한 장애 외에 대화 방해, 작업방해가 있을 수 있다.

그리고 저주파수의 소음에 지속하여 노출이 이루어지면 신경계통의 장애가 일어나기도 한다.

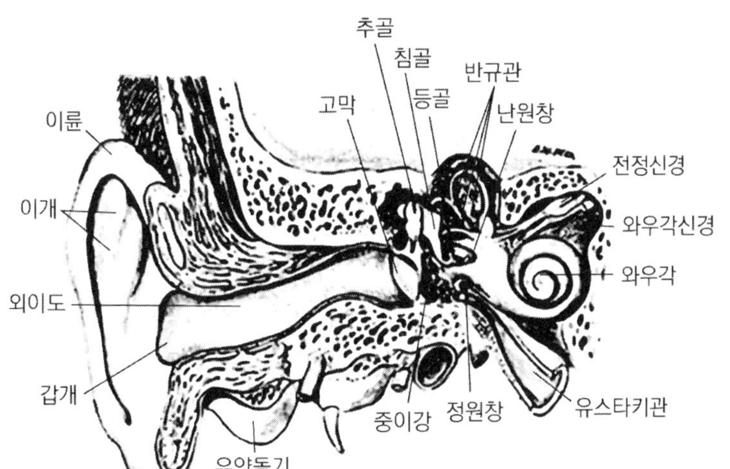

그림 1.3 귀의 구조

나이가 들거나 큰 소음에 노출되면 난청이 찾아온다. 한번 잃은 청력을 회복하는 것은 불가능하다. 소리를 듣는 데 큰 역할을 하는 귀속 유모세포는 손상을 입으면 재생되지 않기 때문이다.

유모세포는 가는 섬모가 달린 모양의 세포로 달팽이관 안쪽에 있다. 소리는 외이도와 고막을 거쳐 달팽이관에 전달되고, 여기서 전기신호로 변환되어 청신경을 통해 뇌에 전해진다. 달팽이관으로 소리가 지나가면 유모세포에 달린 섬모가 움직이며 전기신호가 발생하는 것이다.

유모세포는 소리의 진동을 증폭하는 역할을 하는 외유모세포와 증폭된 소리의 진동을 전기신호로 바꿔 신경을 통해 뇌에 전달하는 내유모세포로 다시 나뉜다.

최근 미국 노스웨스턴대학 의대 연구진이 유모세포를 외유모세포와 내유모세포로 각각 자라도록 하는 핵심 유전자를 발견하여 학술지인 네이처에 발표했는데 그 내용을 보면 이는 유모세포를 재생해 청력을 회복시킬 수 있는 방법이다. 현재 인공 유모세포를 만드는 기술은 있지만, 고유의 기능을 가진 외유모세포와 내유모세포로 분화시키지는 못하고 있다.

연구진은 TBX2라는 유전자가 유모세포의 분화를 프로그램한다는 것을 발견했고 이 유전자가 발현하면 내유모세포가 되고 차단되면 외유모세포가 된다. 먼저 ATOH1과 GF1이라는 유전자가 달팽이관 내 비(非)유모세포를 유모세포로 바꾸면, 이어 TBX2가 켜지거나 꺼지면서 내유모세포와 외유모세포를 만든다는 것도 발견했다.

이는 향후 내유모세포와 외유모세포를 만드는 데 필요한 중요한 도구를 제공할 것이다(2022.5.5., 지디넷코리아).

이러한 연구를 바탕으로 향후 잃어버린 청력을 회복시킬 수도 있을 것이다.

1.7 소음성 난청에 영향을 주는 요인

심한 소음에 노출이 이루어지면 작업자는 난청에 걸릴 수 있는데 난청은 일시적 난청과 영구적 난청으로 구분된다. 일시적 난청은 정상적인 청력으로의 회복이 가능한 상황을 말하며 영구적 난청은 코르티씨 기관의 신경 말단이 손상이 되어 발생한 난청으로 회복이 안 되는 난청이다.

소음성 난청은 4,000 Hz에서 시작되어 전 주파수 영역으로 확산되며 소음성 난청에 영향을 미치는 요소는 높은 음압 수준에서 고주파수 음에서 연속적 노출에서 더 유해하며 개인에 대한 감수성의 차이가 있어서 모든 사람이 똑같이 반응하는 것은 아니다.

1.8 소음의 전파 원리

작업장에서 발생하는 음은 반사, 회절, 투과, 흡수 등의 전파로 작업장의 소음 환경이 형성되게 된다. 작업장에서 발생하는 음의 성질을 알아야 효과적인 대책을 세울 수 있다.

1.8.1 반사

작업장과 같은 실내에서는 자유공간과는 달리 벽, 천장, 바닥 그리고 설비 등의 반사 요소가 많이 있다. 그 요소들에 의해 반사되어 나오는 음을 반사음이라고 한다. 음의 반사 형태는 입사각과 반사각이 대칭을 이룬다. 음의 반사, 투과, 흡수에는 음향에너지의 보존 법칙이 성립한다.

- 음향에너지 보존법칙 : 입사 = 반사 + 투과 + 흡수

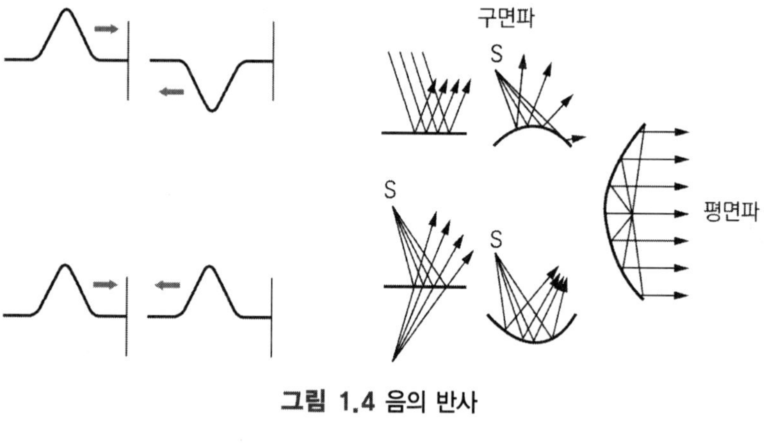

그림 1.4 음의 반사

소리가 반사되는 정도는 경계면의 재질, 밀도 및 구조적 특성에 따라 달라지는데 매질이 단단하고 밀도가 높을수록 더 많은 소리가 반사된다.

발생 된 음을 감소시키는 방법으로는 흡음재 사용과 매끄러운 평면 대신 거친 표면이나 기울어진 구조로 반사음을 분산시키는 방법 등이 있다.

1.8.2 회절

음파가 장애물이나 좁은 틈을 만나 경로를 휘며 진행하거나, 장애물 뒤편으로 소리가 전달되는 현상을 말한다. 음의 회절은 파장과 장애물의 크기에 따라 다르며 파장이 크고 장애물이 작을수록 그리고 물체의 구멍에 있어서는 구멍이 작을수록 회절은 잘된다.

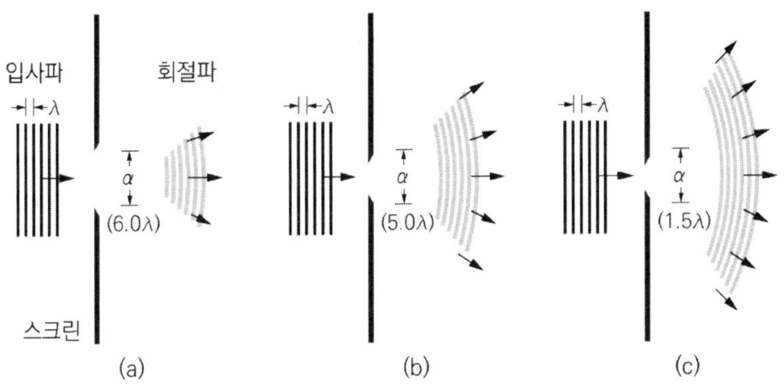

그림 1.5 음의 회절

회절은 파장이 길수록 잘 되고 소리의 주파수는 파장에 반비례하므로 낮은 주파수는 고주파 음에 비해 회절하기가 쉽다. 그리고 물체의 구멍이 작을수록 잘 회절된다.

1) 휴겐스의 원리(Huyghens Principle)

휴겐스의 원리(Huygens Principle)는 파면의 각 점이 새로운 구면파를 생성하는 점파원처럼 작용하며, 이들이 서로 간섭하여 새로운 파면을 형성하는 것을 말한다. 이 원리는 빛, 소리, 물결 등 모든 파동 현상을 설명하는 데 사용되고 반사, 굴절, 회절, 간섭 등 주요 파동 현상에 적용된다.

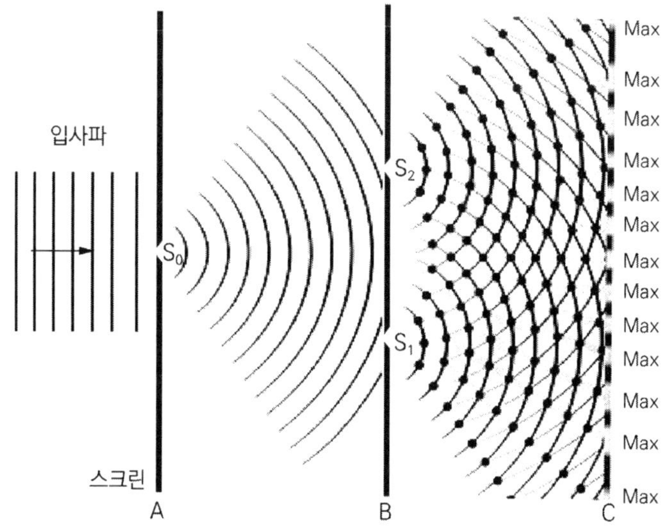

그림 1.6 휴겐스의 원리

1.8.3 투과

소리가 벽 같은 물체에 부딪히면서 반사 또는 흡수되지만 벽을 뚫고 투과되는 투과음도 발생하게 된다. 음의 투과량은 주파수가 적을수록 즉, 저음에 가까울수록 크게 된다. 어떤 재료의 벽을 음이 투과해서 최초의 음보다 작게 되는 양을 '투과 손실'(TL, Transmissin Loss)이라 하고 투과 손실이 큰 재료를 차음재료라 한다. 투과 손실은 차음구조에 있어서 입사파와 투과파의 음압레벨의 차이이고 투과 손실 값이 커질수록 차음성능이 좋은 것을 의미한다.

1.8.4 굴절

굴절은 음파가 한 매질에서 다른 매질로 이동할 때 전파 속도가 변화하면서 진행 방향이 꺾이는 현상을 말한다. 굴절은 소리가 전파할 때 매질의 밀도변화로 인하여 음파의 진행 방향이 변하는 것을 말한다. 음파의 속도 차이에 의해 발생한다.

굴절에 영향을 미치는 요소로는 온도차, 풍속차, 바람에 의한 음압레벨 변동 등이 있다.

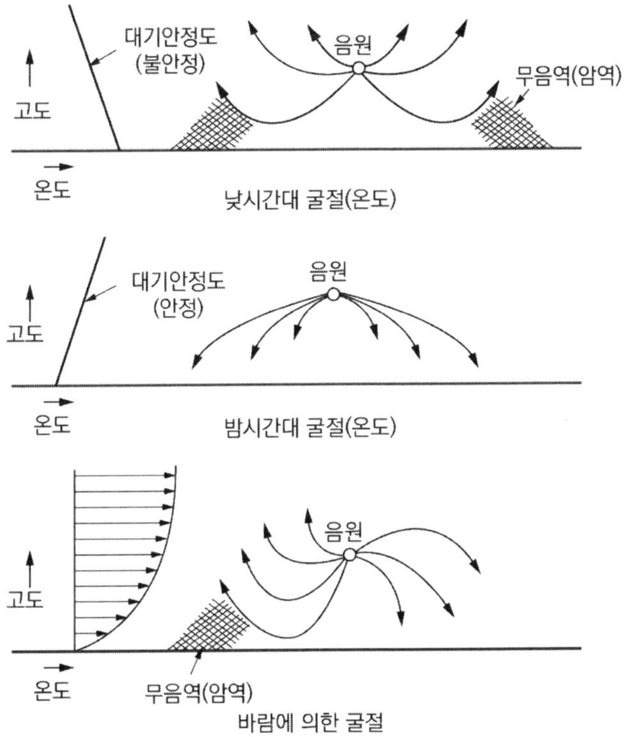

그림 1.7 온도와 바람에 의한 굴절

대부분의 소음은 발생하여 반사, 흡수, 투과 등의 과정을 거쳐 소멸된다.

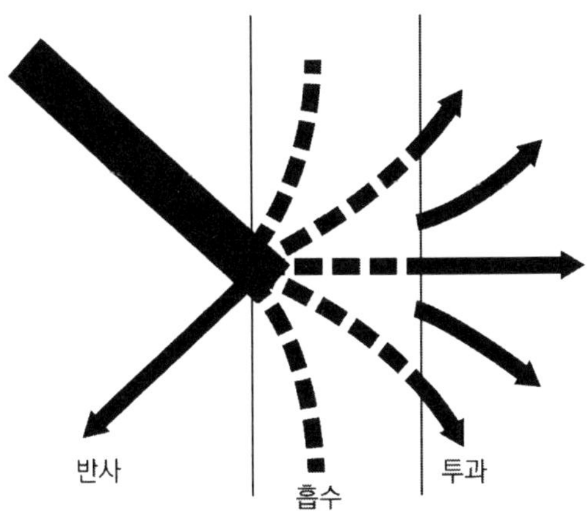

그림 1.8 음의 반사, 흡수, 투과

1.8.5 마스킹 효과와 도플러 효과

마스킹 효과는 특정 소리가 다른 소리를 덮어서 들리지 않거나, 덜 들리게 하는 현상을 말한다. 마스킹 효과는 소리의 주파수, 음압 수준, 시간적 관계에 의해 발생하며, 음향학, 음악, 음성 처리 및 소음 제어 분야에서 중요한 개념이다.

마스킹 효과는 마스킹하는 음이 클수록 마스킹 효과는 커지나 그 음보다 높은 주파수의 음은 낮은 주파수의 음보다 마스킹 되기 쉽다.

마스킹 효과는 주파수가 낮은음은 높은음을 잘 마스킹하고 두 음의 주파수가 비슷할 경우는 마스킹 효과가 더욱더 커진다. 그러나 두 음의 주파수가 같을 때는 맥동현상에 의해 마스킹 효과가 감소한다. 그리고 음이 강하면 마스킹 되는 양도 커진다.

도플러 효과는 음원이 움직일 때 들리는 소리의 주파수가 음원의 주파수와 다르게 느껴지는 효과이다. 다시 말하면 발생원이 이동 시 그 진행 방향 쪽에서는 원래 발생원의 음보다 고음이 되고 반대쪽에서는 저음이 되는 현상이다. 예를 들면 기차역에서 기차가 지나갈 때 기차가 역 쪽으로 올 때는 기차 음이 고음으로 들리고 기차가 역을 지나친 후에는 기차 음이 저음으로 들리는 현상을 말한다.

1.9 소음원의 합산, 차, 평균

소음원을 합산하는 방법은 두 가지의 방법이 있다.

발생하는 두 음의 차이를 구해 그래프로 음의 합산 정도를 구하는 방법이 있고 아래의 계산식으로 음원을 합산, 평균 그리고 차이를 구하는 방식이 있다.

1.9.1 음압의 차에 의한 합산 그래프

아래의 그래프에서 두 음의 차이가 없으면 3데시벨이 더해진다.

예를 들면, 두 발생원에서의 각 소음의 크기가 90 dB(A)과 90 dB(A)이라면 이 두 소음의 크기의 합산음의 크기는 180 dB(A)가 아니고 93 dB(A)이다.

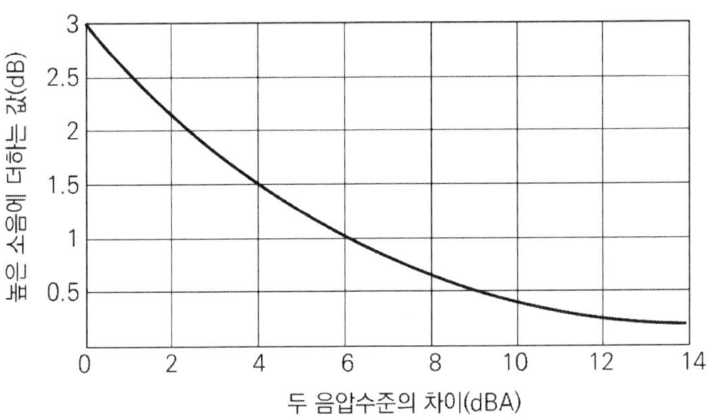

그림 1.9 음압의 차에 따른 합산 그래프

그리고 소음원이 3개 이상인 경우는 먼저 큰 음원 두 개를 합산하고 나머지 하나를 합산하면 된다.

1.9.2 소음원의 계산

1) 소음원의 합산

$$L_{(합)} = 10\log(10^{\frac{L_1}{10}} + 10^{\frac{L_2}{10}} + \cdots + 10^{\frac{L_n}{10}})(\text{dB})$$

여기서, L_1, L_2, L_n : 각각의 소음도(dB)

2) 소음원의 차

$$L_{(차)} = 10\log(10^{\frac{L_1}{10}} - 10^{\frac{L_2}{10}})(\text{dB})$$

여기서, L_1, L_2 : 각각의 소음도(dB)

($L_1 > L_2$의 관계 시 적용)

3) 소음원의 평균

$$L_{(평)} = 10\log\left[\frac{1}{n}(10^{\frac{L_1}{10}} + 10^{\frac{L2}{10}} + \cdots + 10^{\frac{L_n}{10}})\right](\text{dB})$$
$$= L_{(합)} - 10\log\ n(\text{dB})$$

여기서 n : 소음원의 수

1.10 투과 손실(TL, Transmission Loss)

투과 손실(TL, Transmission Loss)은 소리가 공기, 벽 등에서 다른 공간으로 전달될 때 소리 에너지가 감소하는 정도를 나타내는 물리적 개념이다. 주로 건축 음향이나 소음 제어 분야에서 사용되며, 소리의 차음성능을 평가하는 데 중요한 지표이다.

1.10.1 투과 손실의 정의

투과 손실(TL)은 소리가 벽, 문, 창문 등의 구조물을 통과할 때 소리 에너지가 얼마나 줄어드는지를 데시벨(dB)로 나타낸다.

투과 손실(TL)은 소리의 입사 음압레벨과 투과 음압레벨의 차이로 정의된다.

1.10.2 투과 손실의 계산

$$TL = 10\log_{10}\left(\frac{W_i}{W_t}\right)$$

여기서, TL : 투과 손실(Transmission Loss, 단위 : dB)

W_i : 입사 음향 에너지(소리의 입력 에너지)

W_t : 투과 음향 에너지(소리의 출력 에너지)

또는 음압 수준으로 표현하면,

$$TL = L_i - L_t$$

여기서, L_i : 입사 소리 레벨(dB)

L_t : 투과된 소리 레벨(dB)

1.10.3 투과 손실의 주요 특성

투과 손실(TL)은 주파수에 따라 다르게 나타나는데 일반적으로 저주파 소리는 투과 손실이 낮고, 고주파 소리는 투과 손실이 높다.

그리고 구조물의 밀도와 강성이 높을수록 투과 손실은 커진다. 그러므로 구조물의 두께가 두꺼울수록 투과 손실이 증가한다.

특정 주파수에서 공진이 발생하면 투과 손실이 급격히 감소할 수 있는데 투과 손실은 소음이 구조물에 반사되거나 흡수되면서 발생하는 에너지 손실을 포함한다.

1.10.4 투과 손실의 활용

투과 손실(TL)은 산업 분야, 건축 음향, 차량 및 항공과 음향 장비 등에서 활용되는데 기계 소음의 차단 및 소음 관리와 산업 환경에서 방음벽이나 소음 차단을 위한 장비 설계에 주로 활용된다.

1.10.5. 투과 손실에 영향을 미치는 요인

투과 손실에 영향을 미치는 요인으로는 밀도, 두께, 주파수, 연결부의 상태가 있는데 밀도가 높을수록 투과 손실이 커지고 두꺼운 재료는 소리를 더 잘 차단한다.

저주파 소리는 긴 파장을 가지고 있어 투과 손실이 낮고 고주파 소리는 짧은 파장을 가지며, 투과 손실이 높다. 그리고 구조물의 틈새나 연결 부위는 소음의 누출경로가 되어 투과 손실을 낮춘다.

투과 손실은 질량 법칙(Mass Law)에 따르면, 동일한 재료에서 밀도가 높거나 두께가 두꺼울수록 투과 손실이 증가한다.

• 주파수 f와 재료의 면적 밀도 σ 사이의 관계

$$TL \propto 20\log_{10}(\sigma \times f)$$

밀도와 두께를 두 배로 하면 투과 손실(TL)이 약 6 dB 정도 증가한다.

1.10.6 총합 투과 손실

총합 투과 손실은 여러 재료가 있을 때 전체의 소음 차단 성능을 나타내는 투과 손실로 단일 재료가 아닌 창문, 벽체, 문의 복합구조 투과 손실을 평가할 때 사용된다.

예를 들면, 벽체의 면적이 20 m^2 투과 손실이 45 dB, 창문의 면적이 5 m^2 투과 손실이 30 dB일 때 총합 투과 손실을 계산하면

• 벽체의 개별 투과 손실 : $\dfrac{20}{25}\times 10^{-\frac{45}{10}} - 0.8\times 3.16\times 10^{-5}$

• 창문의 개별 투과 손실 : $\dfrac{5}{25}\times 10^{-\frac{35}{10}} - 0.2\times 10^{-3}$

• 총합 투과 손실 : $TL_{\text{total}} = 10\log_{10}\left(\dfrac{1}{0.8\times 3.16\times 10^{-5} + 0.2\times 10^{-3}}\right)$

$$TL_{\text{total}} = 33.5 \text{ dB}$$

그러므로 벽체와 창문의 총합 투과 손실은 33.5 dB이다.

1.10.7 투과 손실 측정

투과 손실(TL)은 구조물의 한쪽에서 소리를 발생시키고, 다른 쪽에서 소리의 크기를 측정하여 투과 손실을 측정하는 방법과 ISO, ASTM 또는 ANSI 표준에 따라 측정한다.

1.11 잔향 시간(RT, Reverberation Time)

잔향 시간(RT)은 소리가 공간에서 반사되며 사라지기까지의 시간을 나타내는 음향학적 지표이다. 소리가 공간에 울려 퍼진 후 그 에너지가 1/1,000로 감소(60 dB 감소)하는 데 걸리는 시간을 잔향 시간이라고 한다. 단위는 초(seconds)이다.

1.11.1 잔향 시간의 공식(Sabine 공식)

잔향 시간은 일반적으로 사빈(Sabine) 공식을 사용해 주로 계산한다.

$$RT = \frac{0.161 \times V}{A}$$

여기서, RT : 잔향 시간(초)

V : 공간의 부피(m^3)

A : 총 흡음력(m^2)

$$A = \sum(\alpha_i \cdot S_i)$$

여기서, A : 총 흡음력(m^2)

α_i : 재료 i 의 흡음률

S_i : 재료 i 의 면적(m^2)

잔향 시간을 계산하는 예를 들면,

- 공간 정보
  - 부피(V) : 200 m^3
  - 벽면 흡음률 : $\alpha = 0.4$, 면적($S = 100\ m^2$)
  - 천장 흡음률 : $\alpha = 0.6$, 면적($S = 50\ m^2$)
  - 바닥 흡음률 : $\alpha = 0.3$, 면적($S = 50\ m^2$)

• 총 흡음력

$$A=(0.4\times100)+(0.6\times50)+(0.3\times50)=40+30+15=85\ \mathrm{m}^2$$

• 잔향 시간

$$RT=\frac{0.161\times200}{85}=0.38\text{초}$$

잔향 시간은 공간의 음향 품질에 큰 영향을 미치는데 짧은 잔향 시간은 소리가 빠르게 사라져 흡음력이 큰 환경에 적합하고 긴 잔향 시간은 소리가 공간에 오래 남아 울리므로 흡음력이 작은 환경에 문제를 일으키지 않는다. 그리고 잔향 시간은 공간의 크기와 흡음 재료의 성질에 따라 달라진다.

그러므로 잔향 시간이 너무 길 때는 소리가 울려서 대화나 음악이 명료하게 들리지 않으므로 흡음재, 소리 흡수에 도움을 줄 수 있는 물체를 배치하면 좋다.

반대로 잔향 시간이 너무 짧을 때는 소리가 너무 빨리 사라지는데 이런 공간에서는 반사율이 높은 유리, 금속 등을 활용하면 좋고 천장을 높이거나 부피를 키워서 공간을 관리하는 것이 좋다.

1.11.2 잔향 시간의 측정 방법

잔향 시간은 실제 공간에서 임펄스 응답법, 디케이 측정법의 방법으로 측정한다.

1) 임펄스 응답법(Impulse Response Method)

짧고 강한 소리를 발생시킨 뒤, 소리가 줄어드는 시간을 측정하는 방법으로 일반적으로 마이크로폰과 소리 발생 장비가 필요하다.

2) 디케이 측정법 (Decay Curve Method)

특정 주파수 대역에서 소리가 60 dB 줄어드는 데 걸리는 시간을 측정 분석하는 방법을 말한다.

1.12 흡음률(Absorption Coefficient)

흡음률(Absorption Coefficient)은 소리가 표면에 닿을 때, 해당 표면이 소리 에너지를 흡수하는 비율을 나타내는 값이다. 흡음률은 0에서 1 사이의 값이며, 1은 소리를 100% 흡수하는 것을 말하고 0은 소리를 전혀 흡수하지 않고 100% 반사하는 것을 의미한다.

1.12.1 흡음률의 정의

흡음률(α)은 소리가 물질의 표면에 입사했을 때, 흡수된 소리 에너지(Wa)가 입사된 총 소리 에너지(W_i)에 대해 차지하는 비율을 말한다.

$$\alpha = \frac{W_a}{W_i}$$

여기서, W_a : 흡수된 소리 에너지

W_i : 입사된 소리 에너지

흡음률은 주파수 특성에 따라 변하는데 일반적으로 저주파보다 고주파에서 흡음률이 더 높다. 그리고 유리섬유, 폼 같은 다공성 재료는 흡음률이 높고 콘크리트, 금속 같은 자재는 밀도가 높으며 단단한 물질은 흡음률이 낮다.

1.12.2 흡음률 측정 방법

1) 잔향실 법(Reverberation Chamber Method)

ISO 354 표준에 따른 흡음률 측정 방법으로 잔향실 내부에서 특정 자재를 설치한 후, 소리가 얼마나 흡수되는지를 측정하는 방법으로 주파수별 흡음률을 평가하여 자재의 특성을 분석하는 방법이다.

2) 임피던스 튜브 법(Impedance Tube Method)

ASTM E1050 또는 ISO 10534 표준을 사용하여 소리의 입사파와 반사파를 측정하여 흡음률을 계산하는데 이 방법은 소규모 샘플을 사용할 수 있어 편리하지만, 실제 환경과 차이가 있을 수 있다.

1.12.3 NRC(Noise Reduction Coefficient)

NRC (Noise Reduction Coefficient)는 감음계수, 소음 저감 계수 또는 소음 감소 계수를 의미하며 1/3옥타브 대역으로 측정한 중심주파수 250 Hz, 500 Hz, 1,000 Hz, 2,000 Hz에서 측정된 흡음률의 산술평균값을 나타내며 NRC 값이 클수록 전반적인 흡음 성능이 우수하다.

• 감음계수(NRC)

$$\mathrm{NRC} = \frac{1}{4}(\alpha_{250} + \alpha_{500} + \alpha_{1,000} + \alpha_{2,000})$$

예를 들면, NRC = 0.8은 소리의 80%를 흡수, NRC = 0.3은 소리의 30%를 흡수하는 것을 의미한다.

1.12.4 흡음률에 영향을 미치는 요인

흡음률은 자재의 특성, 주파수, 자재의 표면 구조, 설치 방식 등이 영향을 미치는 요인이다.

1) 자재의 특성

① 다공성 재료 : 소리가 내부로 침투하며 흡수됨

② 밀도와 두께 : 두꺼운 다공성 재료는 흡음률이 높음

2) 주파수

① 고주파 소리는 일반적으로 더 잘 흡수됨

② 저주파 소리 흡수를 위해서는 특수 설계가 필요

3) 자재의 표면 구조

① 매끄러운 표면 : 소리를 반사

② 거친 표면 : 소리를 흡수하거나 분산

4) 설치 방식

① 자재와 벽 사이에 공기층을 두면 저주파 흡음 성능 향상

1.12.5 자재별 흡음률

많이 사용하는 자재 중 흡음률은 폼, 유리섬유, 천장타일, 카펫, 목재 패널의 순서이며, 자재별 특징 및 흡음률은 〈표 1.2〉와 같다.

표 1.2 자재별 흡음률의 비교

자재	특징	흡음률(주파수별)
유리섬유	다공성, 가벼움, 흡음성능 우수	0.6~0.9
폼(Form)	가볍고 설치 쉬움	0.7~1.0
천장 타일	사무실, 강당 등에 사용	0.5~0.8
카펫	바닥 흡음 및 반사음 감소	0.3~0.6
목재 패널	특정 주파수에서 흡음 효과	0.2~0.5

1.13 흡음력(Absorption Power)

흡음력(Absorption Power)은 흡음재가 소리 에너지를 흡수하는 총량을 말한다.

흡음력은 흡음률과 흡음 표면적의 곱으로 계산되며, 실내 공간의 음향 설계와 소음 제어에서 중요한 지표로 사용된다. 흡음력은 소리가 표면에 도달했을 때, 해당 표면이 소리 에너지를 흡수하는 절대적 양을 나타낸다. 단위는 일반적으로 Sabine을 사용한다.

1.13.1 흡음력 계산

흡음력(A)은 다음과 같이 계산한다.

$$A = \alpha \times S$$

여기서, A: 흡음력(m^2)

α: 흡음률(0～1)

S: 흡음 표면적(m^2)

예를 들면, 흡음률(α)이 0.8인 자재로 이루어진 10 m^2 벽면이 있다면

$$A = 0.8 \times 10 = 8\ m^2$$

이 표면은 8 Sabine의 흡음력을 가진다.

흡음력은 주파수에 따라 다르며, 보통 고주파에서 더 큰 흡음력을 보인다.

자재의 특성으로 다공성 흡음재는 흡음력이 높고, 매끄럽고 단단한 재료는 낮은 흡음력을 가진다. 그리고 흡음력은 실내 공간의 잔향 시간 조절과 직접적인 관련이 있다.

1.13.2 흡음력과 잔향 시간 관계

잔향 시간(RT, Reverberation Time)은 공간 내에서 소리가 사라지는 데 걸리는 시간

으로, 흡음력에 의해 결정된다.

$$RT = \frac{0.161 \times V}{A}$$

여기서, RT : 잔향 시간(초)

V : 공간이 부피(m^3)

A : 총 흡음력(m^2)

예를 들면,

① 조건 : 방의 벽(50 m^2, $\alpha = 0.6$), 천장(30 m^2, $\alpha = 0.8$), 바닥(40 m^2, $\alpha = 0.3$)

② 총 흡음력을 계산

$$A_{벽} = 0.6 \times 50 = 30\ m^2$$

$$A_{천장} = 0.8 \times 30 = 24\ m^2$$

$$A_{바닥} = 0.3 \times 40 = 12\ m^2$$

$$A_{총} = A_{벽} + A_{천장} + A_{바닥} = 30 + 24 + 12 = 66\ m^2$$

이 방의 총 흡음력은 66 m^2 Sabine이다.

Sabine의 잔향 공식(Sabine Equation)에 따르면 흡음력이 클수록 잔향 시간이 짧아져 공간 내 소리가 빠르게 감소하고 흡음력이 부족하면 잔향 시간이 길어져 에코와 혼잡한 소리가 발생한다.

1.13.3 흡음력에 영향을 미치는 요인

흡음력에는 흡음률, 표면적, 재료 배치, 주파수 등이 영향을 주는데, 흡음률은 재료의 흡음률이 높을수록 흡음력이 증가하고 흡음 표면적이 넓을수록 흡음력이 증가하며 소리가 많이 반사되는 위치에 흡음재를 설치하면 흡음력이 효율적으로 작용한다. 그리고 고주파는 쉽게 흡수되지만, 저주파는 더 큰 흡음력을 필요로 한다.

1.14 소음의 등청감곡선과 보정곡선

등청감곡선은 1,000 Hz 순음의 음압레벨과 같은 크기의 소리로 들리는 각 주파수별 음압 수준을 실험적으로 나타낸 그래프이다.

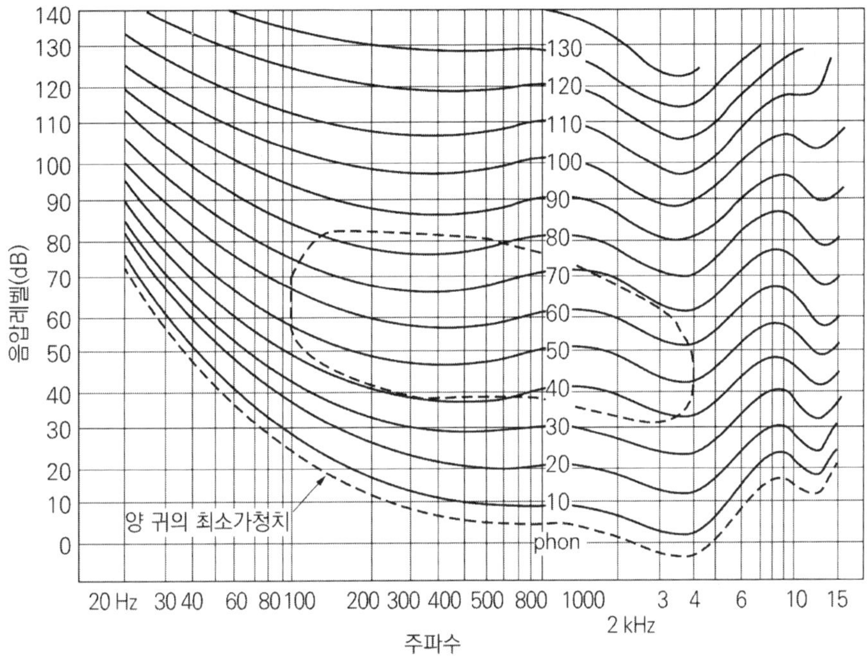

그림 1.10 순음에 대한 등청감곡선

1,000 Hz에서의 압력 수준을 dB을 기준으로 하여 등청감곡선을 나타내는 단위로는 phon이 사용된다. 예를 들면, 1,000 Hz에서의 50 dB은 50 Hz에서의 73 dB 또는 4,000 Hz에서의 42 dB과 청력에 느끼는 느낌이 같으며 모두 50 phon 곡선에 해당한다.

일반적으로 소음계는 40, 70, 100 phon의 등청감곡선에 유사한 감도를 나타내도록 주파수 보정이 되어 있는데 이것을 A, B, C 특성이라 부르며 소음측정은 A 특성을 사용한다.

① A 특성은 저음압 레벨에 대한 청감 음압을 나타낸다. 저음역대 신호를 많이 보정한 특징이 있고 저주파음을 많이 낮추는 특징이 있다. A 특성치는 인간의 주관적 반응과 잘 맞아 가장 많이 사용된다.

② B 특성은 중음압 레벨에 대한 청감음압을 나타낸다. 중음역대 신호 보정에 이용되나 거의 사용하지 않는다.

③ C 특성은 주파수 변화에 따라 크게 변하지 않는다. 주파수 변화에 따라 상대음압도가 크게 변하지 않는다.

소음계의 청감보정회로를 A 및 C에 놓고 측정한 소음레벨이 dB(A), dB(C)라 할 때 두 값의 측정치가 차이가 많이 나든지 또는 dB(A) < dB(C)일 경우 이 음은 저주파 특성을 가지고 있는 음이고 두 값의 측정치가 차이가 크게 나지 않으면 고주파 특성의 음이다.

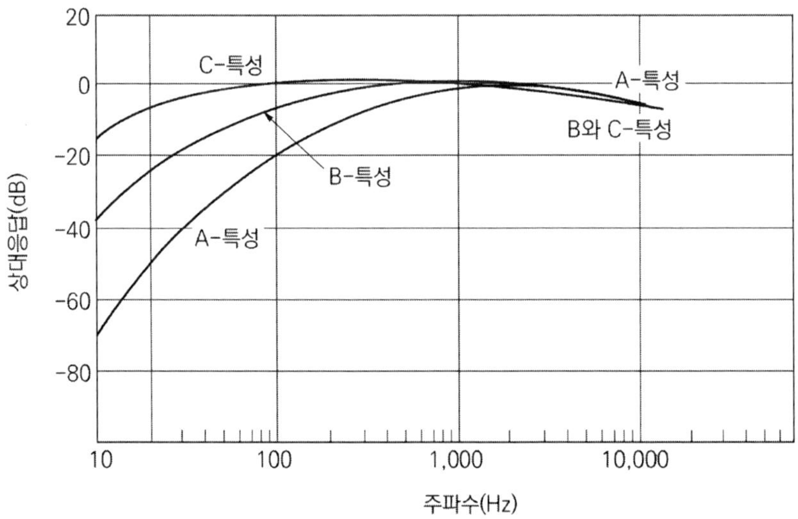

그림 1.11 보정곡선

1.15 NRR(Noise Reduction Rate, 소음감소율)

청력보호구의 차음효과를 예측하는 방법은 미국국립안전보건연구원(NIOSH). 미국환경부(EPA), 미국 산업안전보건청(OSHA)의 방법이 있으며 그 내용을 보면 다음과 같다.

1.15.1 미국 국립안전보건연구원(NIOSH) 방법

미국국립안전보건연구원(NIOSH)에서 권장하는 가장 정확한 방법으로 차음효과를 계산하는 방법은 다음과 같다.

표 1.3 미국 국립안전보건연구원(NIOSH) NRR 구하는 방법

계산단계	중심 주파수(Hz)						
	125	250	500	1,000	2,000	4,000	8,000
1. 주파수별 음압 측정(dB)	93	91	91	89	88	86	87
2. A 특성치로 변환하기 위한 보정치(dB)	16.1	8.6	3.2	0.0	-1.2	-1.0	1.1
3. A 특성치(dB(A))(1단계 - 2단계)	76.9	82.4	87.8	89.0	89.2	87.0	85.9
	대수 합산 = 95.2 dB(A)						
4. 평균 소음 차단(dB)	18.0	20.0	30.0	39.0	34.0	32.0	36.0
5. 표준편차×2(dB)	7.0	5.0	7.0	6.0	6.0	6.0	7.0
6. 보호구 착용시의 노출 소음, A 특성치(dB(A))	65.9	67.4	64.8	56.0	61.2	61.0	56.9
	대수 합산 = 72.0 dB(A)						
차음효과=23.2 dB; NRR=23.2 dB							

① 제1단계 : 주파수별 소음을 측정한다.

② 제2~3단계 : A특성 보정치를 보정하여 주파수별 A특성치를 계산하고 합성소음도를 계산한다.

③ 제4~5단계 : 청력보호구 제조사의 자료로 주파수별 차음평균치와 표준편차×2를 계산한다.

④ 제6단계 : 청력보호구 착용시 귀에 들리는 주파수별 음압수준을 계산한 후 합산한다.

청력보호구 착용시의 주파수별 음압수준(dB(A)값)=dB(A)값−차음평균치+표준편차×2

⑤ 제7단계 : 차음효과를 계산한다.

차음효과=총 음압수준(dB(A))−청력 보호구 착용시의 총 음압수준(dB(A))

1.15.2 미국 환경부(EPA) 방법

미국 환경부(EPA)에서는 청력보호구 제작자에게 각 청력보호구의 차음효과를 나타내는 차음평가지수를 공개하도록 규정하고 있다(1979, EPA). 미국 환경부(EPA)의 NRR 계산방법은 다음과 같다.

표 1.4 미국 환경부(EPA) NRR 구하는 방법

계산단계	중심 주파수(Hz)						
	125	250	500	1,000	2,000	4,000	8,000
1. 음압수준(dB)	100	100	100	100	100	100	100
2. C 특성치로 변환하기 위한 보정치(dB)	0.2	0.0	0.0	0.0	0.2	0.8	3.0
3. C 특성치(dB(C))(1단계 - 2단계)	99.8	100.0	100.0	100.0	99.8	99.2	97.0
	대수 합산 = 107.9 dB(A)						
4. A 특성치로 변환하기 위한 보정치(dB)	16.1	8.6	3.2	0.0	-1.2	-1.0	1.1
5. A 특성치(dB(A))(1단계 - 4단계)	83.9	91.4	96.8	100.0	101.2	101.0	98.9
	대수 합산 = 107.0 dB(A)						
6. 평균 차음값(dB)	18.0	20.0	30.0	39.0	34.0	32.0	36.0
5. 표준편차×2(dB)	7.0	5.0	7.0	6.0	6.0	6.0	7.0
6. 보호구 착용 후(dB(A)) (5단계 - 6단계 - 7단계)	72.9	76.4	73.8	67.0	73.2	75.0	69.9
	대수 합산 = 78.0 dB(A)						
NRR=(3단계 합산)-(8단계 합산)-3=107.9-78.0-3=27							

① 제1단계 : 주파수별 소음의 음압수준을 측정한다.

② 제2~3단계 : dB(C)값을 주파수별로 계산한 후 합산하여 총 음압수준을 계산한다.

③ 제4~5단계 : dB(A)값을 주파수별로 계산한 후 합산하여 총 음압수준을 계산한다.

④ 제6~7단계 : 청력보호구 제조사의 자료로 제공된 청력보호구의 차음 평균치와 표준편차×2를 계산한다.

⑤ 제8단계 : 사람이 듣는 음압수준, dB(A)값을 주파수별로 계산하고 합산한다.

⑥ 제9단계 : NRR값을 계산한다.

⑦ NRR=총 음압수준(dB(C)값) - 청력 보호구 착용시의 총 음압수준(dB(A)값) - 3

1.15.3 미국 산업안전보건청(OSHA) 방법

미국 산업안전보건청(OSHA)은 소음이 85dB(A)을 초과하는 작업장에서 청력보호구를 착용하도록 규정하고 있다. 그리고 NRR을 활용하여 작업자의 청력을 보호하는 공식을 제시하고 있고 다음과 같다.

미국 산업안전보건청에서는 보호구의 실제 감소 효과를 보수적으로 평가하기 위해 NRR 값을 직접 소음 수준에서 빼지 않고 보정하여 적용한다.

$$\text{실제 감소된 소음 수준} = \text{작업장 소음 수준} - \left(\frac{\text{NRR}-7}{2}\right)$$

미국 산업안전보건청이 제공한 NRR식에서 7 dB 차감을 하는 것은 소음 측정 방식이 C-가중치(C-weighted dB) 기준으로 측정된 값인데 미국 산업안전보건청에서의 소음 기준은 A-가중치(A-weighted dB, dB(A))로 설정되므로 이를 맞추기 위해 7 dB을 차감하여 적용한다. 그리고 실험실에서 측정된 NRR 값은 이상적인 환경에서 측정된 최대 감소 효과이므로, 실제 현장에서는 그보다 효과가 낮아질 수 있어서 이를 반영하기 위해 NRR 값을 절반(50%)만 적용하여 보수적으로 규정한 것이다.

제2장

소음측정

2.1 소음측정장비

우리 주변에는 매우 많은 소음이 있다. 생활소음, 교통소음, 산업현장 소음 등이 끊임없이 발생하고 있다. 그리고 그 특성 또한 매우 다양하다. 그 중 산업 현장에서 발생하는 소음은 그 형태와 특성이 매우 다양하고 근로자에게 노출되는 정도도 다르기 때문에 이에 대한 정밀한 측정이 필요하다.

산업보건에서 주로 사용하는 소음의 측정 방법으로는 지시소음 측정, 주파수 측정과 소음 노출량 측정 방법이 있고 최근에는 시뮬레이션 방법을 적용하여 공학적 개선을 진행하는 데 활용하고 있다.

현재 소음을 측정할 수 있는 다양한 장비들이 사용되고 있다. 주요 장비로는 소음계 또는 음압수준계(sound level meter. SLM), 소음노출량 측정계(noise dosimeter) 주파수 측정기(octave band analyzer)가 있다.

2.1.1 소음계의 기기 구성

공기 중 음압변동을 측정하는 소음계는 마이크로폰(micro-phone), 증폭기(amplifier) 주파수 반응회로(frequency-response networks), 미터반응회로(meter response circuit), 지시계(indicating meter)로 구성되어 있다.

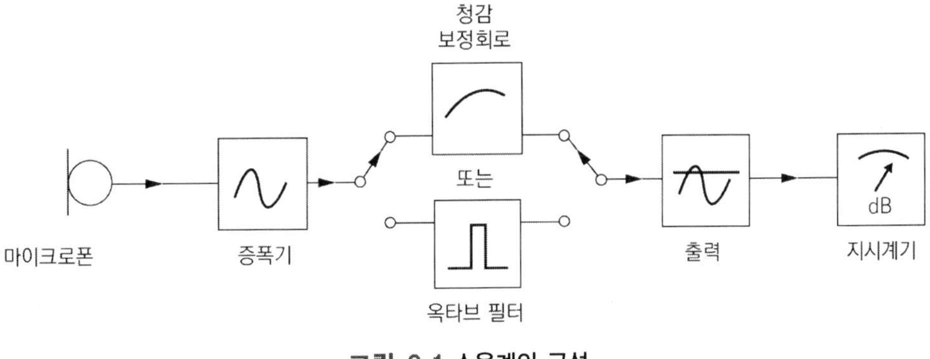

그림 2.1 소음계의 구성

마이크로폰에 의해 음압이 전기적 신호로 변환된 후 증폭기를 거쳐 증폭된 신호가 정류기에서 직류로 변환되어 지시계 바늘이 가리키는 수치로 표시되게 된다. 여기서 감쇠기는 증폭의 크기를 조절하며 증폭된 주파수 반응 특성은 반응회로 장치에서 조절된다.

2.1.2 소음계의 정확도

소음측정에서 마이크로폰의 정확도는 매우 중요하며 미국에서는 소음계의 정확도에 따라 ANSI S1.4-1983에 의해 Type 0, 1, 2 및 S로 구분하고 있다.

① Type 0 : 주로 실험실에서 고정밀 표준기구로 사용된다.
② Type 1 : 소음계의 정확도는 ±1 dB로 현장이나 실험실에서 정확한 소음 측정을 위하여 사용된다.
③ Type 2 : 소음계의 정확도는 ±2 dB이며 일반적인 현장조사 용도로 적합하며 우리나라의 작업환경 측정 기관에서 주로 사용된다.
④ Type S : 특정용도에 맞추어 제작된 소음계로, 정확도 보장이 어려우며 보통 상업용 제품에서 사용되고 표준을 준수하지 않을 수도 있다.

미국의 산업안전보건청(OSHA)에서는 Type 2 이상의 정확도를 가진 소음계를 사용하도록 규정되어 있으나 우리나라의 산업안전보건법에는 특별히 이 부분에 대하여 규정이 되어 있지는 않다.

2.1.3 소음계의 A, B 및 C 청감보정

소음계는 주파수에 따른 사람의 청각 반응을 감안하여 A, B 및 C 특성의 음압을 측정할 수 있도록 설계되어 있다. ANSI S1.4-1983에서는 소음계의 A특성은 40 phon, B특성은 70 phon 그리고 C특성은 100 phon의 등감 곡선과 비슷하게 주파수에 따른 반응을 보정하여 사용한다.

A특성 값과 C특성 값의 차이가 크면 소음은 저주파 특성을, 차이가 작으면 고주파 특성을 보이는 것으로 해석한다.

2.1.4 소음계의 동특성(slow, fast)

대부분의 소음계는 slow, fast의 동특성을 가지고 있다.

소음계의 동특성은 소음의 변화에 대한 소음계의 반응 속도를 나타내며 일반적으로 소음계는 slow, fast 동특성을 가지고 있다. slow 동특성은 소음의 변화에 대해 천천히 반응하며, fast 동특성은 빠르게 반응한다.

fast 동특성은 소음 레벨의 변동에 빠르게 반응하여 사람의 청각에 비교적 가까운 것으로 되어 있으며, slow는 fast보다 반응이 늦고, 변동하는 소음의 평탄적인 값을 표시하는 데 각각 다음과 같은 의미를 가지고 있다.

1) slow(느림)

지시계가 소음 레벨 변화에 느리게 반응하여 변동하는 소음의 평균적인 값을 보여주고 측정값 변동이 적고, 평균적인 소음 레벨을 파악하는 데 적합하다.

지속적인 소음, 배경 소음, 교통소음 등을 측정할 때 사용하고 시간 가중치는 1초이다.

2) fast(빠름)

지시계가 소음 레벨 변화에 빠르게 반응하여 순간적인 소음 레벨 변화를 보여주고 측정값 변동이 크고, 순간적인 최대 소음 레벨을 파악하는 데 적합하다.

갑작스러운 충격음, 기계 소음, 건설 소음 등을 측정할 때 주로 사용하며 시간 가중치는 125 ms이다.

측정을 할 때 소음계의 동특성 설정은 측정 목적에 따라 적절하게 선택해야 하는데 일반적으로 지속적인 소음 측정에는 slow 설정을, 순간적인 소음 측정에는 fast 설정을 사용한다.

일부 소음계는 Impulse(충격) 설정도 제공한다. 이 설정은 매우 짧은 순간의 충격음을 측정하는 데 사용한다.

우리나라의 산업안전보건법과 미국의 산업안전보건청(OSHA)과 미국 산업위생전문가 협의회(ACGIH)에서는 소음계와 소음노출량 측정기를 사용하여 작업환경측정 할 때 동특성을 slow로 하도록 규정하고 있다.

2.1.5 소음 측정기의 성능과 환경 조건

① 소음 측정기는 -7℃~66℃의 온도 범위에서 성능 변화가 없어야 한다.

② 기압에 대해서는 고도 3,000 m(10,000 ft) 정도까지는 성능 변화가 없어야 한다.

③ 마이크로폰에 수분이 응축되어 성능 변화가 있어서는 안 된다.

④ 바람과 먼지는 소음 측정 시 양의 오차를 초래할 수 있으므로 바람과 먼지가 있는 장소에서 측정을 진행할 시에는 바람막이용 윈드 스크린(wind screen)을 사용하여 마이크로폰을 보호해야 한다.

⑤ 발전기, 변압기, 아크 용접, 용광로 등에서 발생하는 자기장은 소음 측정 시 영향을 주어 소음 측정 기기의 성능을 저하시킬 수 있다.

현재 소음을 측정할 수 있는 다양한 장비들이 사용되고 있다. 주요 장비로는 소음계 또는 음압수준계(SLM, sound level meter) 소음노출량 측정계(noise dosimeter) 주파수 측정기(octave band analyzer)가 있다.

2.2 소음계 또는 음압수준계(SLM, Sound Level Meter)

소음계는 보통 소음계와 적분형 소음계가 있다.

2.2.1 보통 소음계

소음을 적분하는 기능이 없이 단지 그 순간에서의 음압수준만을 측정한다. 이 소음계는 등가소음을 계산하는 기능이 없으나 사용자가 측정된 음압과 측정시간을 등가소음레벨(Leq) 공식에 적용함으로써 구할 수 있다.

2.2.2 적분형 소음계

보통 소음계가 읽는 음압레벨을 시간에 대해 적분하여 등가소음레벨(Leq, equivalent sound level)로 나타낼 수 있다. 요즘 주로 사용되고 있는 소음계이다.

2.2.3 소음계의 용도

산업안전보건법에서는 소음계를 사용하여 소음노출평가를 할 수 있도록 규정하고 있다(고용노동부 2001). 일반적으로 미국 산업안전보건청(OSHA)에서는 다음의 용도로 사용할 수 있다(OSHA 1995).

① 소음노출량 측정계(noise dosimeter)로 소음 수준을 측정하기 전 현장 점검을 위해
② 소음노출량 측정계(noise dosimeter)를 사용할 수 없거나 부적합한 경우 근로자의 소음 노출 수준을 측정하기 위해
③ 소음 제거 목적의 소음원 확인 및 평가
④ 소음원에 대해 공학적인 개선이 실행 가능한지를 판단하기 위한 자료를 확보하기

위해

⑤ 소음 감소 대책의 효과를 측정하기 위해

⑥ 청력보호구의 차음효과를 평가하기 위해 소음계는 소음원을 확인하고 대게 특정한 짧은 시간 동안의 개인의 소음노출을 결정하는 데 사용될 수 있다. 미국 산업안전보건청(OSHA, Occupational Safety and Health Administration)에서는 ANSI S1.4-1971 또는 ANSI S1.4-1983 규격에 맞는 성능과 정확도를 가진 소음계를 사용하도록 규정하고 있다.

2.2.4 등가소음레벨(Leq)

등가소음레벨(Leq)이란 소음 레벨이 시간과 더불어 변화할 때 측정시간 내에 발생 된 변동소음의 총에너지를 연속된 정상소음의 에너지로 등가하여 얻어진 소음 레벨을 의미한다. 이는 소음의 시간에 따라 변동하는 환경에서는 단일 음압으로 이런 환경을 나타내기가 어렵기 때문이다.

평가 방법으로는 6시간 이상 연속 등가 소음도를 측정하거나 1시간 간격으로 6회 이상 측정해 시간가중 평균하여 노출기준과 비교하며, 소음기 교정 및 관리 보정은 소음을 정확하게 측정하기 위해 측정 전과 측정 후에 실시한다.

등가소음레벨(Leq)은 일정 시간 동안 변동하는 소음의 평균 에너지 레벨을 나타내는 지표인데 A-가중치를 사용하여 측정된 소음 레벨에 대해 시간 평균을 취하여 계산한다. Leq는 다음 공식을 사용하여 계산한다.

$$Leq = 10 \times \log10(1/T \times \int [T0,\ T0 + T]\ p2(t)\ dt)$$

여기서, Leq : 등가소음레벨(dB)

T : 평가 기간(초)

p(t) : 시간 t에서의 소음 압력(Pa)

여기서 등가소음레벨(Leq)의 10은 상수인데 이는 소음에 따른 변환율(Exchange

Rate)이 3 dB 일 때의 값이고 변환율(Exchange Rate)이 4 dB이면 13.3 그리고 변환율(Exchange Rate)이 5 dB이면 16.6 dB의 값이다.

그리고 이를 Lav(4), Leq(4), L_{DOD}와 Lav(5), Leq(5), L_{OSHA}로 나타내기도 한다.

등가소음레벨(Leq)은 시간 동안 변동하는 소음 레벨의 단일 값을 제공하므로 소음 노출을 평가하는 데 유용한 도구이다. 건강 및 안전, 환경 소음 및 제품 소음과 같은 다양한 분야에서 사용된다.

그리고 미국의 산업안전보건청(OSHA)에서는 청력 장해를 소음노출과 연관시킨 실험에 맞추기 위해 5 dB 변환율(Exchange Rate)을 사용하고 있다. 우리나라도 역시 이 규정을 사용하고 있다. 그러나 음향학 등에서는 등가소음레벨(Leq) 구하기 위해서 3 dB 변환율(Exchange Rate)에 근거하여 음압을 구하여 사용한다.

미국의 표준인 ANSI S1.25(1978)에서 등가소음을 구하는 방법은 다음과 같다.

조건은 동특성은 느림(slow) 특성은 A 특성치를 적용한다.

1) 연속음

$$L_{AV}(Q) = q \log\left[\frac{1}{T}\int_0^T (10^{L_{AS}/q} dt)\right]$$

여기서, L_{AV} : 등가 또는 평균소음수준, dB

Q : Exchange rate, dB

L_{AS} : slow 상태에서 측정된 소음수준, dBA

T : 관찰시간

q : Q/log2(3 dB rate이면 10, 4 dB rate이면 13.3, 5 dB rate이면 16.6)

2) 단속음

$$L_{AV}(Q) = q \log\left[\frac{1}{T}\sum_{i=1}^{N}(10^{L_{AS}/q} \times t_i)\right]$$

$$= q \log \left[\frac{t_1 10^{L_{AS}/q} + t_2 10^{L_{AS}/q} + \cdots + t_n 10^{L_{ASn}/q}}{t_1 + t_2 + \cdots + t_n} \right]$$

여기서, L_{AV} : 등가 또는 평균소음수준, dB

Q : Exchange rate

q : Q/log2(3 dB rate이면 10, 4 dB rate이면 13.3, 5 dB rate이면 16.6)

T : 시간의 합, 분

L_{ASi} 또는 L_{ASn} : i번째 또는 n번째 소음수준, dBA

t_i 또는 t_n : i번째 또는 n번째 측정시간, 분

미국의 산업안전보건청(OSHA)에 의하여 사용되는 Time Weighted Average(TWA)는 LOSHA와 유사하다. 위 식을 사용하면 TWA를 구하기 위해 1/T를 1/480로 대치하여야 한다. 미국에서는 소음에 대한 측정을 노출시간에 관계없이 작업시간인 8시간을 측정한다.

그러므로 소음 노출 수준이 높으면 청력 손실, 스트레스, 수면 장애 등 건강 문제를 일으킬 수 있는데 등가소음레벨(Leq)을 사용하여 소음 노출 수준을 평가하고 적절한 청력 보호 조치를 취하는 것이 중요하다.

2.3 주파수 측정기(Octave Band Analyzer)

2.3.1 주파수 측정기(Octave Band Analyzer)

주파수 측정기는 주파수 대역별로 소음수준을 파악하기 위해서 사용된다.

주파수 측정기는 보통소음계에 주파수 분석기를 장착하는 구조로 되어 있으며 대부분의 1/1 octave band는 31.5, 63, 125, 250, 500, 1,000, 2,000, 4,000, 8,000 Hz의 중심 주파수 대역으로 구성되어 22～11,300 Hz 사이의 음압 범위를 측정할 수 있다. 보다 세밀한 주파수 대역을 측정하여 사용할 수 있는 1/3 octave band는 위의 1/1 octave band 주파수 대역을 좀 더 세분화하여 3등분 한 것을 말한다.

1/1 octave band 중심주파수의 주파수 범위인 하한치(f_1)와 상한치(f_2)의 관계는 다음과 같이 구하고 그 값은 〈표 2.1〉과 같다.

$$f_2 = 2f_1$$

$$f_c = \sqrt{f_1 f_2}$$

1/3 octave band에서 한 1/3 octave band에서의 상한주파수는 하한주파수의 세제곱근이다.

$$f_2 = \sqrt[3]{f_1}$$

표 2.1 중심주파수별 상한치와 하한치

1/1 Octave band 중심 주파수, Hz	하한치, Hz	상한치, Hz
31.5	22	45
63	45	89
125	88	177
250	177	354
500	354	707
1,000	707	1,414
2,000	1,414	2,828
4,000	2,828	5,656
8,000	5,656	11,312

2.3.2 주파수를 측정하는 이유

소음 측정 시 주파수를 측정하는 이유는 소음이 발생하는 음원의 특성을 파악하기 위해서 실시하며 사람이 들을 수 있는 가청 주파수 대역은 20~20 kHz까지인데 발생하는 음원이 고주파 대역일 경우는 직접적으로 소음에 노출되는 사람의 청력저하를 유발하기 쉽고 저주파 대역의 음은 신경계통에 영향을 주기 때문에 음원 분석을 실시하여 발생하는 음의 특성을 파악하는 것은 매우 중요하다.

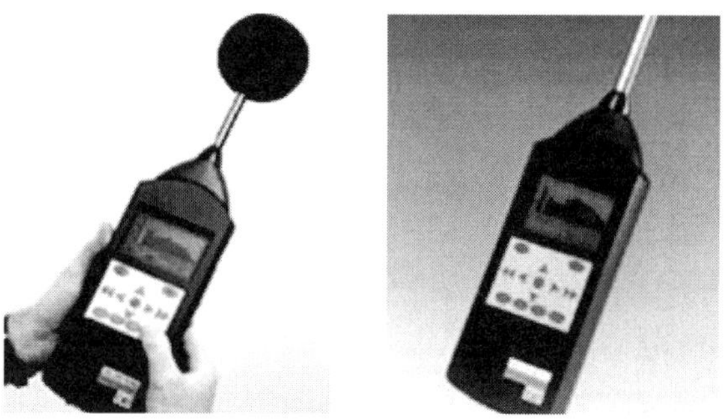

그림 2.2 소음 주파수 측정기

2.4 소음노출량 측정계(Noise Dosimeter)

소음노출량 측정기(Noise Dosimeter)는 적분형 소음계이며 미국의 ANSI S1.25 (1978) Specificatiom for Personal Noise Dosimeter 표준을 준용하는데 ANSI S1.25 (1978)는 개인 소음 노출 측정기(Personal Noise Dosimeter)에 대한 설계, 성능 및 교정 기준을 규정한 국제표준으로써 이 장치는 산업이나 작업 환경에서 개인의 소음 노출을 측정하여, 소음 관련 규정을 준수하고 청력 손실을 방지하기 위해 주로 사용된다.

개인 노출량을 측정하는 장치로서 그 기능을 보면 일정 간격마다 소음을 감지하여 자료를 그대로 또는 일정시간 간격의 평균치로 환산하여 기억장치에 기억하였다가 측정이 완료된 후 기억된 자료를 분석함으로써 소음의 시간적 변동, 특정 소음의 분포, 소음 노출량, 등가소음, 8시간 가중평균 음압 등을 구할 수 있는 소음계이다.

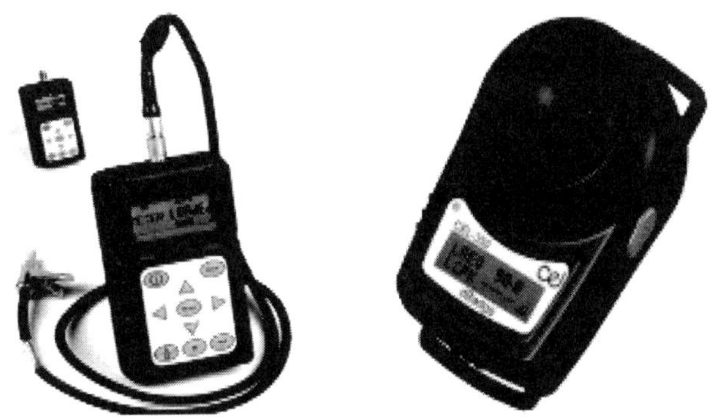

그림 2.3 소음 노출량 측정기

소음노출량 측정기(noise dosimeter)의 사용은 작업자가 일하는 작업 위치에서 소음 수준이 변동이 심한 경우 그리고 작업자가 고정된 위치에서 일하지 않고 이동하면서 일하는 경우 각 조건마다 소음 수준을 측정하기는 어렵다. 이러한 경우 소음노출량 측정계(noise dosimeter)를 근로자에게 부착하여 측정하는 것이 용이하다.

2.4.1 기능 및 원리

소음노출량 측정계(noise dosimeter)는 변환율(Exchange rate), 문턱값(Threshold level), 노출기준(Criterion level)의 3가지 기본 요소에 의하여 소음 수준이 산출된다.

소음노출량 측정계(noise dosimeter)의 설정 시 입력하여 주는 측정 조건으로 변환율(Exchange rate), 문턱값(Threshold level), 노출기준(Criterion level)이 있는데 이 중 문턱값(Threshold level)은 cutting off라고도 하며 이 문턱값(Threshold level) 이하의 소음은 기억장치에 기억되지 않도록 하는 조건을 말한다.

노출기준(Criterion level)은 소음의 8시간 노출기준치로써 우리나라의 경우는 90 dB(A)이다.

변환율(Exchange rate)은 등가에너지 법칙에 입각한 힘이 2배가 되는 것을 몇 dB증가로 정할 것인가를 정하여 주는 계수이다. 이 소음계가 최종적으로 표시하여 주는 소음 노출량(dose)은 다음 식으로 표시한다.

$$\text{dose} = \frac{100}{\text{Tc}} \int_0^T 10^{(\text{La}-\text{Lc})/q} \, dt$$

여기서, Tc : 8시간

Lc : Criterion level(90dB)

q : Exchange rate/log 2

1) 문턱값(Threshold Level)

문턱값(Threshold level)의 경우는 미국의 산업안전보건청(OSHA)에서는 80으로 ISO에서는 75로 규정되어 있고 이것이 의미하는 것은 이 수준 이하의 음들은 기억장치에 기억되지 않도록 하는 것을 의미하며 산업보건에서는 청력장애가 일어나는 수준을 의미한다.

2) 노출 기준(Criterion Level)

Criterion level은 노출 기준을 의미하며 미국의 산업안전보건청(OSHA)이 90으로, 미국 산업위생사 협의회(ACGIH), 미 국방성과 ISO의 경우는 85를 권장하고 있다.

3) 변환율(Exchange Rate)

등가에너지 법칙에 입각하여 힘이 2배가 되는 것을 몇으로 정할 것인가를 정하여 주는 계수로서 미국의 산업안전보건청(OSHA)은 5, ACGIH와 ISO는 3 그리고 미 국방성은 4로 규정하고 있다.

외국의 경우에는 소음노출량 측정계(noise dosimeter) 사용 시 기기설정에 관한 세부 규정이 명시되고 있는데 미국의 산업안전보건청(OSHA)에서는 등가에너지 법칙에서 소음의 음압이 2배가 되면 3 dB이 증가하는 것이지만 일반적인 소음은 단속적인 것이므로 인체에 미치는 영향은 5 dB 증가 시 2배의 작용이 있다고 보아야 한다는 보고서(Intersociety Committee Report, 1967)에 따라 변환율(Exchange rate)은 5 dB, 문턱값(Threshold level)은 80 dB, 노출기준(Criterion level)은 90 dB로 규정하고 있고 우리나라도 이 설정 규정을 따르고 있다.

소음노출량 측정기의 국제표준인 ANSI S1.25(1978)은 개인 소음 노출 측정기(Personal Noise Dosimeter)에 대한 설계, 성능, 및 교정 기준을 규정한 국제표준이다. 소음노출량 측정기는 산업이나 작업 환경에서 개인의 소음 노출을 측정하여, 소음 관련 규정을 준수하고 청력 손실을 방지하기 위해 사용한다.

2.4.2 ANSI S1.25(1978)의 주요 내용

1) 주요 내용

(1) 측정 항목

① 소음 수준 범위 : 측정기는 일반적으로 70 dB에서 140 dB 사이의 소음을 측정할 수 있어야 한다.

② 주파수 가중치 : A가중치(A-weighting)와 C가중치(C-weighting)를 사용한다.

③ 시간 가중치 : 변동하는 소음을 측정할 때 slow(1초)와 fast(125밀리초) 응답시간을

지원해야 한다.

④ 교환율 : 3, 4, 5 dB 변환율을 설정 사용한다.
이는 소음 수준이 변환율 만큼 증가할 때 허용 가능한 노출 시간이 절반으로 줄어드는 것을 의미한다.

(2) 도시미터의 기능

① 소음 노출을 통합하여 소음 노출량(%) 또는 시간 가중 평균(TWA)으로 표시하며 누적 노출 결과를 노출량과 등가 연속 음압 수준 같은 데이터로 제공한다.
② 노출량(Dose, %) : 규정된 한도에 대한 소음 노출 비율
③ 등가 연속 음압 수준(LEQ) : 측정된 변동 소음을 동일 에너지로 나타낸 평균 음압 수준

(3) 정확도 및 교정

① 허용 오차 : 측정기의 측정값은 정해진 허용 오차 내에서 정확해야 한다.
② 교정 : 측정 전후에 기준 음원을 사용해 장비를 교정해야 한다.
③ 온도 및 습도 내성 : 다양한 환경 조건에서도 안정적으로 작동할 수 있도록 온도 및 습도에 대한 내성을 규정해야 한다.

(4) 디스플레이 및 보고

측정된 소음 노출 수준을 명확하게 표시해야 하고 실시간 소음 수준과 누적 노출 데이터를 제공해야 한다.

(5) 내구성 및 신뢰성

장치는 진동, 습기, 온도 변화와 같은 작업 환경에서도 신뢰성을 유지할 수 있어야 한다.

2) ANSI S1.25(1978)의 적용

① 작업장 소음 측정 : 산업현장에서 근로자의 소음 노출 수준을 측정하여 규정 준수를 확인한다.

② 청력보존프로그램 : 개인의 일일 소음 노출량을 평가하여 보호 장비 제공 여부 판단한다.

③ 환경 소음 평가 : 변동하는 소음 환경에서 개인의 노출 수준을 평가한다.

④ 산업위생관리 : 공학적 소음 저감 대책 및 행정적 제어 조치에 활용한다.

3) ANSI S1.25-1978의 한계

1978년에 제정된 기준으로, 현대 소음 측정 기술이나 방법론을 완전히 반영하지 못할 수 있으며 최신 버전이나 국제표준인 IEC 등과 비교하여 더 세부적이고 현대적인 지침이 필요할 수 있으며 이를 반영한 표준의 업데이트가 필요할 수 있다.

4) 관련 규정 및 표준

① ANSI S1.4 : 소음계(Sound Level Meter)에 대한 사양

② OSHA 29 CFR 1910.95 : 미국의 작업장 소음 노출 기준

③ NIOSH 권고 노출 한계(REL) : 소음 허용 기준 및 권고안

④ IEC 61672 : 소음계의 국제표준

5) 현대적 의미와 활용

① ANSI S1.25(1978)는 개인 소음 노출 측정기의 기본 설계 및 성능 기준을 제공하며, 작업장 및 환경 소음 관리에서 중요한 역할을 한다. 하지만 현대의 소음 관리 요구사항을 충족하기 위해 ANSI 또는 IEC의 최신 표준을 참조하는 것은 매우 중요하다.

② ANSI S1.25(1978)은 개인 소음 노출 측정기의 정확성과 신뢰성을 보장하기 위해

설계된 표준으로, 소음 노출 평가 및 청력보존프로그램에 필수적인 지침을 제공하며 작업 환경의 소음 관리와 근로자의 건강 보호를 위해 중요한 역할을 한다.

③ ANSI S1.25(1978)의 세부 내용은 [별표]를 참고한다.

2.5 소음 시뮬레이션

소음 시뮬레이션은 소음이 특정 환경에서 어떻게 전파되는지 예측하는 데 사용되는 컴퓨터 모델링 기술이다. 건축 음향, 환경 소음 및 제품 소음과 같은 다양한 분야에서 사용된다.

소음 시뮬레이션은 방정식을 풀어 소음파의 전파를 모델링 하는 수치적 방법을 사용하여 수행된다. 이러한 방정식에는 음속, 공기 밀도 및 벽의 반사율과 같은 요소가 포함된다.

소음 시뮬레이션은 소음 문제를 해결하는 데 귀중한 도구가 될 수 있는데 건축물이 건설되거나 제품이 출시되기 전에 소음 문제를 식별하고 해결하는 데 사용할 수 있다. 이를 통해 비용을 절감하고 시간을 절약하며 환경을 보호할 수도 있다. 소음 시뮬레이션 프로그램은 기하학적 음향(Geometrical acoustics) 이론을 바탕으로 하여 실내 및 실외에서의 음의 확산, 회절, 반사, 흡수현상을 이용하여 구현한다.

일반적으로 작업장, 음악당, 스포츠 센터, 강당 등의 최초 설계 형태 및 마감재 중 흡음성의 성능 예측과 각종 환경 소음의 확산 경로 및 이를 이용한 방음벽의 설계와 실내작업장의 소음 분포 제작 등에 적용한다.

2.5.1 시뮬레이션 기본조건

① 측정 시 측정기의 높이는 지면에서 대략 사람의 청각의 높이인 1.5 m로 하고, 간격은 정확도를 높이기 위해 대략 0.5 m~1 m 정도로 설정한다.

② 소음원에서 측정한 데이터 중 가장 큰 값을 적용 사용한다.

③ 소음원은 1/1 Octave Band의 중심주파수인 63 Hz, 125 Hz, 250 Hz, 500 Hz, 1 kHz, 2 kHz, 4 kHz, 8 kHz로 측정하여 반영한다.

④ 발생음인 소음원 외의 소음 중 기타 주변 발생 소음원은 제외한다.

⑤ 암소음인 배경소음은 작업장의 미가동 시 발생하는 50 dB(A) 정도를 가정하여 적용한다.

2.5.2 시뮬레이션 적용 순서

① 작업장의 실내 모습을 AutoCAD를 이용하여 작성한다.

② Preprocess 작업 : 실제 작업장을 3D로 옮겨 소음 모델링을 위한 면 처리를 하는 과정으로 이 과정을 거쳐 모델링의 geometry를 완성한다.

③ 주파수 분석자료를 모델링 sofrware에 입력하여 소스 한 개당 2,000개 정도의 ray를 방출시켜 geomerty inside의 면에서 반사, 흡수, 투과를 계산하여 전체 작업장 음압 contour를 작성할 수 있다. 그리고 각 공정별 주된 소음원과 그 주파수를 효과적으로 제어하기 위한 공학적인 개선 방법을 제시하고 개선안을 적용하여 동일한 방법으로 시뮬레이션을 한다.

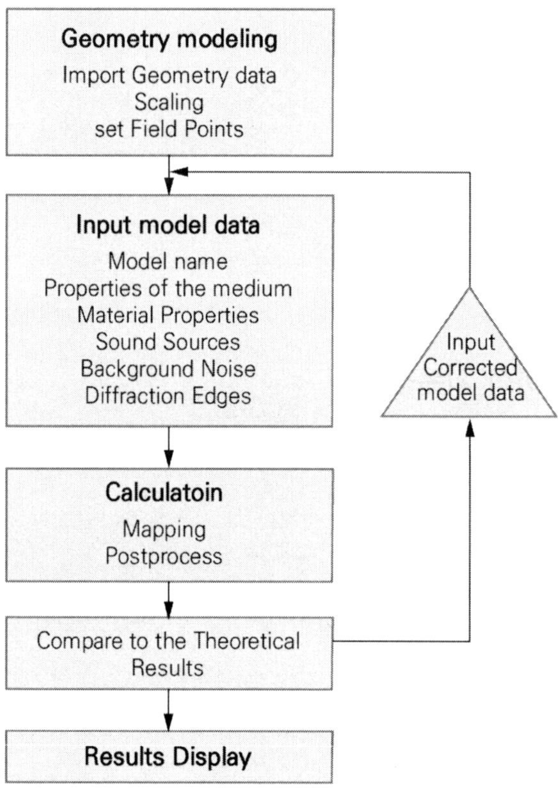

그림 2.4 소음 시뮬레이션 작업 순서

소음 시뮬레이션 프로그램은 공학적 개선안을 수립하여 적용하고자 하는 경우에 있어서 현재 소음분포 형태를 인지하고 이를 바탕으로 밀폐범위, 차폐 부분, 흡음제 종류 등에 따른 개선 후의 효과를 예측해 볼 수 있고 개선 비용을 산출하여 개선을 진행하는 데 있어서 유용한 방법이다.

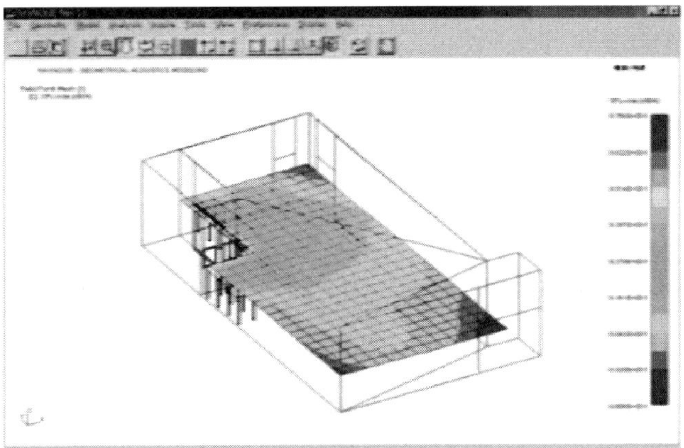

개선 전 : 88dB(A)~97dB(A)

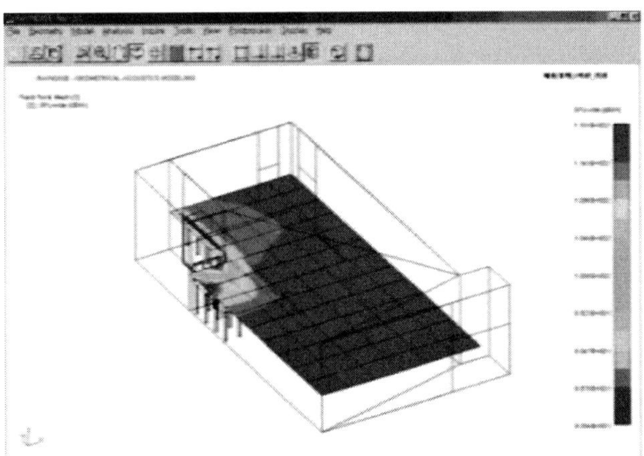

개선 후 예측 기대소음 : 80 dB(A)~119 dB(A)

그림 2.5 소음 시뮬레이션 자료

〈그림 2.5〉에서처럼 개선 전의 작업환경을 공학적 관리 안을 적용하여 시뮬레이션하면 개선 후의 작업환경을 미리 예측하여 알 수 있다.

2.6 노출기준

소음에 대한 노출기준은 연속음과 충격음으로 구분되어 있으며 연속음은 연속적으로 발생하는 음을 말하고 충격음은 120 dB 이상인 음이 1초 이상의 간격으로 발생하는 것을 말한다. 노출기준 중 연속음은 노출시간으로 구분되어 있으며 충격음은 허용횟수로 구분되어 있다.

소음에 대한 연속음과 충격음의 노출기준은 〈표 2.2〉, 〈표 2.3〉과 같다.

표 2.2 연속음의 노출기준

1일 노출시간(hr)	소음수준(dB(A))
8	90
4	95
2	100
1	105
1/2	110
1/4	115

※ 주의 : 단 115 dB(A)를 초과하는 소음수준에 노출되어서는 안 된다.

표 2.3 충격음의 노출기준

1일 작업시간 중 허용횟수	소음수준(dB)
100	140
1,000	130
10,000	120

※ 주 : 최대음압수준이 140 dB을 초과하는 충격소음에 노출되어서는 안 된다.

[별표] ANSI S1.25 (1978) Specificatiom for Personal Noise Dosimeter

AMERICAN NATIONAL STANDARD SPECIFICATION FOR PERSONAL NOISE DOSIMETERS

1. INTRODUCTION

Personal noise dosimeters are widely used for monitoring noise environments that may be hazardous to hearing. It is important, therefore, that a standard be available to help minimize variations between results obtained with devices of various makes and models that satisfy the standard.

A noise dosimeter is a device that integrates a function of sound pressure over a period of time and thus determines sound exposure as a percentage of a stated criterion sound exposure.

To satisfy various noise hazard criteria, A-weighted sound pressure raised to one of three different exponents is integrated over time. The exponent used is characterized in terms of a level-time exchange rate. Exchange rates of 3, 4, or 5 dB for a two-to-one change in exposure time are specified in this standard. Thus, for example, in a dosimeter having an exchange rate of 3 dB, an identical indicated result will be produced when exposure duration is halved and sound level is increased by 3 dB.

This standard follows the principles adopted for calibration of sound level meters (American National Standard Specification for Sound Level Meters, ANSI S1.4-1983). Thus the instrument is calibrated to read correctly in a random-incidence field without the presence of reflecting objects such as the wearer.

A personal noise dosimeter is frequently carried on the person with the microphone mounted on the shoulder, at the chest, or at an ear. It may also be used as an area monitor, not attached to the person. If a comparison is made between the results of a specific dosimeter when used as an area monitor and the results of the same dosimeter worn by a person who is immersed in the sound field that was monitored by the area monitor, differences are likely to be observed (Ref. 1).

2. SCOPE

This standard specifies certain characteristics of a personal noise dosimeter. It also specifies allowable tolerances of those characteristics, and it describes how those characteristics are to be verified. It provides for three different exchange rates, two frequency weightings, and two exponential averaging time constants.

NOTE: At present, the regulatory practices of the U.S. Department of Labor Occupational Safety and Health Administration (OSHA) specify use of dosimeters having A-weighting, 5 dB exchange rate and SLOW exponential time averaging. The U.S. Department of Defense practices specify A-weighting, 4 dB exchange rate and SLOW exponential time averaging.

Other options including C-weighting, 3 dB exchange rate and FAST exponential time averaging are included to provide instrument standards to serve the needs of research and developing regulatory practices. International Organization for Standardization Standard 1999:1990 for occupational noise specifies only A-weighted sound exposure with 3 dB exchange rate and with no exponential time averaging.

This standard is intended to specify a dosimeter suitable for measurement of impulsive, intermittent, and continuous noise.

3. DEFINITIONS

3.1 Sound-Pressure Level

Twenty times the logarithm to the base ten of the ratio of the root-mean-square (rms) sound pressure to the reference sound pressure. For the purpose of this standard, the reference pressure is 20 micropascal (20 μPa = 20 μN/m^2 = 0.0002 μbar).

3.2 Sound Level

Sound-pressure level in decibels, re 20μPa, obtained by use of standardized frequency weighting and exponential time averaging.

3.3 Peak Sound Pressure

Greatest absolute instantaneous sound pressure during a given time interval.

3.4 Tone Bursts

One or more complete cycles of a sinusoidal signal. For the purpose of this standard, the tone burst signals must start and end at a zero crossing of the waveform.

3.5 Pulse Range

Difference in decibels between the peak signal level of a tone burst and the level of a continuous low level signal specified by the manufacturer for which the specifications of Sec. 5.4 are met.

3.6 Criterion Sound Level (criterion level)

Level of a sound which, continuously applied for eight hours, results in a 100% criterion exposure.

3.7 Criterion Duration

A duration of 8 hours (h), which is used as a basis for measurement.

3.8 Exchange Rate

The change in sound level corresponding to a doubling or halving of the duration of sound level while a constant percentage of criterion exposure is maintained.

3.9 Time Constant

Time required for the amplitude of that component of a field quantity which varies exponentially with time, to be multiplied by the factor $1/e = 0.3679$. Where e is the base of the natural logarithm. A SLOW time constant is 1.0 second. A FAST time constant is 0.125 second.

3.10 Operating Range

The range between the threshold level and an upper sound level within which the dosimeter operates within stated tolerances.

3.11 Threshold Level

A sound level or levels specified by the manufacturer below which the dosimeter produces little or no dose accumulation as specified in this standard (*See* Sec. 7.7).

3.12 Sound Exposure

The time integral over a stated time or event of the SLOW or FAST exponential-time-averaged, squared, A or C-weighted, sound pressure signal when the 3 dB exchange rate is used. For the 5 dB and 4 dB exchange rates respectively, it is the time integral, over a stated time or event of the 0.6 and 0.75 power of the SLOW or FAST exponential-time-averaged, squared, A- or C-weighted, sound pressure signal. Sound exposure is accumulated only when the sound level exceeds the threshold level.

For the personal noise dosimeter, the A or C frequency weighting and SLOW or FAST exponential-time-averaging are to be specified. Otherwise SLOW (1 second) exponential-time-averaging and A-weighting are understood.

NOTE: In general, for the 3 dB exchange rate, which is sometimes called the "true energy" system, sound exposure may be defined as the time integral of squared instantaneous A-weighted sound pressure. Time averaging is optional, or may not be required.

3.13 Criterion Sound Exposure

The product of the criterion duration and the mean-square sound pressure corresponding to the criterion sound level when the 3 dB exchange rate is used. The product of the criterion duration and the 0.6 or 0.75 power of the mean-square sound pressure corresponding to the criterion sound level when the 5 dB or 4 dB exchange rate respectively is used.

3.14 Percentage Criterion Exposure

The ratio of sound exposure and criterion sound exposure, multiplied by 100. The ratio is always expressed as a percentage.

3.15 Class Designation

An alphanumeric sequence that consists of the tolerance descriptor the frequency weighting, the exponential averaging time constant, the criterion sound level, the threshold level and the exchange rate. For example, Class 2AF- 90/80-5 means that the dosimeter has tolerances that correspond to those for a Type 2 sound-level meter (ANSI S1.4-1983), with an A-frequency-weighting network and an exponential averager having FAST response; the criterion level is 90 dB, the threshold level is 80 dB and the exchange rate is 5 dB.

The options for class designation are:

Frequency Weighting	A or C
Time Constant	F (FAST); S (SLOW)
Criterion Level	90, 85, 84, 80, V (Variable)
Threshold Level	90, 80, V (Variable)
Exchange Rate	5, 4, 3

NOTE: For dosimeters with variable criterion and threshold levels, the selected levels shall be specified in order to obtain a valid reading.

4. GENERAL CHARACTERISTICS

4.1 General

A noise dosimeter is generally a combination of a microphone, an amplifier with specified frequency weighting, a squaring device, an exponential averaging device with a specified time constant, a holding upper limit indicator, an exponent circuit with a specified ex-

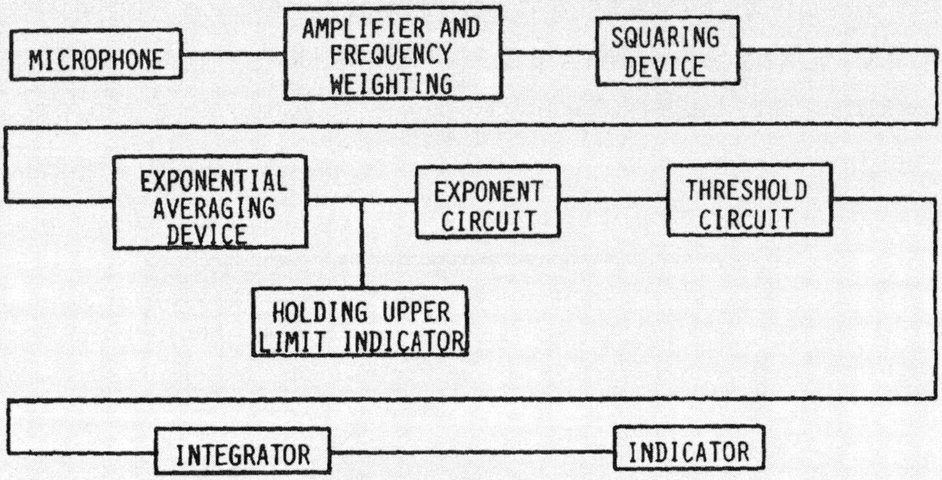

FIG. 1. Block diagram of functional elements of a noise dosimeter.

ponent, a threshold circuit, a device that integrates with respect to time, and an indicator. The actual instrument need not be separable into such individual functional elements since the primary basis of acceptability of the instrument is the overall performance. For convenience of description of the required characteristics of the device, however, the instrument is treated as if it were a cascade of separable individual elements. (*See* Fig. 1.)

4.2 Relative Frequency Response

The frequency characteristics of the overall instrument are specified in Table 1. The relative response level is given at discrete preferred frequencies, but the response must be that corresponding to a smooth curve at the specified frequencies. The tolerances are identical to those for a Type 2 sound-level meter (ANSI S1.4-1983). The specified tolerances are absolute tolerances at the criterion level and at the reference ambient conditions specified in Sec. 7.1. Above 10 kHz, the roll-off rate must not be less than 6 dB/octave.

4.3 Exponential Averaging

The time constant of the exponential averaging device connected to the output of the squaring device is nominally 1 s, corresponding to the SLOW response of a standard sound level meter, or 0.125 s, corresponding to the FAST response.

NOTE: For dosimeters based on the 3 dB exchange rate, the exponential averaging device is optional.

4.4 Threshold

The threshold circuit shall be placed after the exponential averaging device in order that the integrator will properly integrate over sensed sound levels that exceed the threshold.

4.5 Integration

The integrator integrates a power function of the mean square signal over time. This function is determined by the exponent circuit (see the block diagram). The exponent depends on the exchange rate, being 0.6 for the 5 dB rate, 0.75 for the 4 dB rate, and 1.0 for the 3 dB rate. The integrated output over time of the exponential circuit as modified by the threshold circuit is proportional to the percentage criterion exposure.

4.6 Indicator

The indicator may be built into or separate from the dosimeter. The number displayed shall be a percentage. The resolution of the display shall be sufficient to express this percentage rounded to the nearest integer.

TABLE 1. Random incidence relative response level as a function of frequency for A- and C-weighting. (Type 2 Tolerances. ANSI S1.4-1983).

Nominal[a] Frequency Hz	Exact Frequency in Hz	A-Weighting dB	C-Weighting dB	Tolerance
20	19.95	−50.5	−6.2	±3
25	25.12	−44.7	−4.4	±3
31.5	31.62	−39.4	−3.0	±3
40	39.81	−34.6	−2.0	±2
50	50.12	−30.2	−1.3	±2
63	63.10	−26.2	−0.8	±2
80	79.43	−22.5	−0.5	±2
100	100.0	−19.1	−0.3	±1.5
125	125.9	−16.1	−0.2	±1.5
160	158.5	−13.4	−0.1	±1.5
200	199.5	−10.9	0	±1.5
250	251.2	−8.6	0	±1.5
315	316.2	−6.6	0	±1.5
400	398.1	−4.8	0	±1.5
500	501.2	−3.2	0	±1.5
630	631.0	−1.9	0	±1.5
800	794.3	−0.8	0	±1.5
1000	1000	0	0	±1.5
1250	1259	+0.6	0	±1.5
1600	1585	+1.0	−0.1	±2
2000	1995	+1.2	−0.2	±2
2500	2512	+1.3	−0.3	±2.5
3150	3162	+1.2	−0.5	±2.5
4000	3981	+1.0	−0.8	±3
5000	5012	+0.5	−1.3	±3.5
6300	6310	−0.1	−2.0	±4.5
8000	7943	−1.1	−3.0	±5
10000	10000	−2.5	−4.4	+5 − ∞

[a] Nominal frequencies are as specified in ANSI S1.6-1984 (R1990), American National Standard Preferred Frequencies and Band Numbers for Acoustical Measurements. Exact frequencies are given above to four significant figures and are calculated from frequency equals $10^{0.1N}$, where N is an integer band number from 10 to 43 (1 Hertz corresponds to N = 0). Above 10 kHz, the roll-off rate must not be less than 6 dB/octave.

4.7 Principle of Operation

The principle of operation of the dosimeter is described in mathematical terms below.

$$D(Q) = (100/T_c)\int_0^T 10^{[(L-L_c)/q]}dt \qquad (1)$$

where:

$D(Q)$ = percentage criterion exposure for exchange rate Q;

T_c = criterion sound duration = 8 hours

T = measurement duration in hours;

t = time in hours;

L = SLOW (or FAST) A-weighted sound level, a function of time, when the sound level is greater than or equal to L, or equals − ∞ when the A-weighted sound level is less than Lt;

L_t = threshold sound level specified by the manufacturer;

L_c = criterion sound level specified by the manufacturer;

Q = exchange rate in decibels; and

q = parameter that determines the exchange rate, where

$q = 10$ for a 3 dB exchange rate

$q = 5/\log 2$ for a 5 dB exchange rate

$q = 4/\log 2$ for a 4 dB exchange rate

NOTE: The factor of 100 in the equation produces a result that is a percentage.

If the sound level is greater than the threshold level and it is held constant, as during testing,

$$D(Q) = 100(T/T_c)10^{[(L-L_c)/q]} \qquad (2)$$

The average sound level during the sample time, T, over which a percentage criterion exposure is measured, is

$$L_{av} = L_c + q\log[D(Q)\times T_c/100T] \qquad (3)$$

If the sound level is held constant during a test, the average sound level is that constant level.

4.8 Electrical Test Signal

The manufacturer shall provide the means to substitute an electrical signal for the microphone for the purpose of performing tests on the complete instrument without the microphone. The manufacturer shall also provide suitable test points when required by the test procedures recommended in this standard.

5 INSTRUMENT CHARACTERISTICS AND TOLERANCES

5.1 Frequency Characteristics

The complete instrument, with the microphone mounted in a manner specified by the manufacturer, shall have the frequency response at the criterion level as specified in Table 1, within the absolute tolerance limits there listed, in a random incidence sound field (*See* Sec. 7.2.2). The manufacturer shall state the upper and lower values of sound level L and duration T over which the instrument satisfies the requirements of this standard. A controlled, abrupt cutoff in response shall be provided for sounds having a level less than the threshold level as defined in Sec. 3.10. It is strongly recommended that the threshold level shall be at least 5 dB below the criterion sound level. The actual threshold level must be specified by the manufacturer.

5.2 Directional Characteristics

The maximum deviation of the free-field relative response level with respect to the random-incidence relative response level as a function of angle of incidence shall not exceed the values given in Tables 2 and 3. The specification applies for sound incident on the microphone and whatever part of the instrument case is to be exposed to the sound field when the microphone is mounted relative to the dosimeter in a manner specified by the manufacturer, but without an observer present.

5.3 Operating Range Characteristics

The instrument shall have an operating range of at least 50 dB.

5.4 Pulse Range

The instrument shall have a pulse range of at least 53 dB. The manufacturer shall state the actual pulse range for tone bursts of 1.0 ms as well as that for the shortest tone burst that meets the accuracy requirement of ± 2.5 dB. (*See* Sec. 7.5).

5.5 Amplifier Characteristics

When a sensitivity range control is included in a noise dosimeter, it shall introduce an error less than ±0.5 dB over the frequency range from 63 to 2000 Hz and less than ± 1 dB in the frequency ranges from 22.4 to 63 Hz and from 2000 to 11200 Hz for all settings, relative to a range setting specified by the manufacturer as the reference range.

The amplifier shall have a pulse range sufficiently large to allow it to drive the detector system to meet the tests given in Sec. 7.5.

5.6 Linearity

The linearity of the system shall be within ±0.5 dB over a 30 dB range above the criterion level specified by the manufacturer, with a steady sine-wave test signal. Over the full operating range, specified by the manufacturer, the linearity shall be within ± 1.0 dB. Linearity tests are described in Sec. 7.7.

TABLE 2. Maximum allowable deviation of free-field relative response level with respect to random-incidence relative response level when the angle of incidence is varied by ±22.5° from the calibration angle of incidence (Type 2, ANSI S1.4-1983). These allowances are added arithmetically to the tolerance limits in Table 1.

Frequency (hz)	Allowance (dB)
31.5 to 2000	± 2
2000 to 4000	± 2.5
4000 to 5000	± 3
5000 to 6300	± 3.5
6300 to 8000	± 4.5

5.7 Square Law and Averaging Characteristics

The dosimeter shall be calibrated using sine-wave signals. Tests of the accuracy of the detector system (squaring device and exponential averaging device) employing steady state and transient signals are prescribed in Sec. 7.5.

5.8 Power Supply

If the instrument is battery operated, the manufacturer shall prescribe a battery test method that ensures the battery voltage is adequate to operate the instrument within specifications. It is highly desirable that the test method be such as to ensure operation for a time period of eight hours.

TABLE 3. Maximum allowable deviation of free-field relative response level for sounds arriving at any angle of incidence with respect to random-incidence relative response level (Type 2, ANSI S1.4-1983). These allowances are added arithmetically to the tolerance limits in Table 1.

Frequency (Hz)	Allowance (dB)
31.5 to 2000	± 3
2000 to 4000	+ 3, − 4
4000 to 5000	+ 4, − 6
5000 to 6300	+ 5, − 8
6300 to 8000	+ 8, − 9

5.9 Field Calibration

A method to confirm that the dosimeter is operational shall be prescribed by the manufacturer. This method shall constitute an acoustical calibration so that the microphone is included in the test. This test shall have the capability of verifying all circuits including the integrator and display. A single sound level at 1 kHz at least 3 dB above the criterion sound level and threshold level (if used) is acceptable for the test.

5.10 Holding Upper Limit Trigger Level

If a holding upper limit indicator is provided, its root-mean-square (rms) trigger level shall be stated by the manufacturer and it shall be tested by the methods given in Sec. 7.6.

6. SENSITIVITY TO VARIOUS ENVIRONMENTS

6.1 Static Pressure

The sensitivity of the instrument shall not change by more than ± 0.5 dB for a variation of $\pm 10\%$ in static pressure, stated in 7.1.

6.2 Noise

When the microphone is replaced by an equivalent electrical impedance and the dosimeter is placed in a sound field equal to the upper limit of the operating range for the period of time corresponding to a criterion exposure of 100%, the indication shall be 1% or less. For very high operating ranges, the time period shall not be shorter than 5 seconds. In a quiet environment (lower than the threshold level) when the microphone is replaced by an equivalent electrical impedance, the dosimeter indication shall not exceed 1% after eight hours.

6.3 Vibration

The effect of vibration shall be indicated by the manufacturer for the complete apparatus, including the microphone, within the frequency range 10 and 500 Hz. The instrument and microphone shall be vibrated sinusoidally along each of three mutually perpendicular axes at an acceleration of 0.1 *g*. One axis shall be perpendicular to the plane of the diaphragm of the microphone. The indications of the instrument under test shall be reported.

6.4 Magnetic and Electrostatic Fields

The effect of magnetic and electrostatic fields should be reduced to a minimum. The complete noise dosimeter, including microphone, shall be tested in a magnetic field at 50 or 60 Hz. The dosimeter shall be oriented in a direction that gives a maximum indication. The manufacturer shall state the magnetic field strength in amperes/meter that produces an indication equivalent to the threshold level. It may be stated as a minimum specification, for example "greater than 300-A/m."

6.5 Temperature

The manufacturer shall state the temperature range over which the dosimeter, including the microphone, will meet the tolerances specified in this standard when the dosimeter is used in the recommended manner. Further, the manufacturer shall state the extremes in temperature at which the instrument including its batteries may be stored without damage.

7. CALIBRATION AND VERIFICATION OF THE BASIC CHARACTERISTICS OF THE DOSIMETER

7.0 Scope

The tests described below are for type qualification testing only. The extent to which they must be repeated in periodic calibrations must be specified by the manufacturer.

7.1 Reference Ambient Conditions

The tests described in the following paragraphs should be used to check that the requirements of Sec. 5 are met. All tests should be made at or corrected to the standard reference conditions of 20°C; 65% relative humdity and the standard atmospheric pressure of 101.3 kPa.

7.2 General

Calibration procedure and tests related to the noise dosimeter are described in Secs. 7.2.1 and 7.2.2.

7.2.1 Absolute sensitivity

The complete instrument shall be calibrated at 1000 Hz. The accuracy of the instrument at 1000 Hz shall be within ± 1.5 dB at the criterion sound level.

7.2.2 Frequency response

The frequency weighting of the noise dosimeter shall be tested at frequencies between 20 Hz and 10 kHz. This test may be performed as a combination of electrical and acoustical tests. For the basic electrical test a sine-wave signal shall be applied at a convenient level to the electrical input of the dosimeter in series with the microphone or its electrical equivalent. The frequency of this signal is varied over the 20 Hz–10 kHz range, either continuously or in one-third-octave steps, and the level may also be adjusted in known steps to keep the output level within the nominal operating range. If the behavior of the integrator circuit is not a function of the input signal frequency, the relative response level that occurs at a circuit point just preceding the integrator circuit may be noted as the frequency is varied. Otherwise, the relative response at the output indicator is to be noted.

The relative response of the microphone for random incidence shall be added to this electrical response to obtain the overall response. If the microphone is attached to a case or mounting bracket when in normal use, the response shall be measured with the microphone mounted in that way. This microphone response may be measured in a diffuse sound field or calculated from free-field responses to sound arriving from different directions. One of the various methods of measurement and calculation is given in Appendix B of American National Standard Specification for Sound Level Meters, S1.4-1983. At frequencies where the wavelength of the sound is at least ten times the maximum linear dimension of the microphone, a pressure calibration may be used. The results of this relative response test shall satisfy Table 1.

If the instrument can be read out in terms of sound pressure level, such readings may be used in obtaining results of frequency response tests.

The performance of the dosimeter at low frequencies is to be tested at high levels also. The following test is a minimum test. With the dosimeter set on A weighting, apply a 1000 Hz sine-wave signal equal to the specified maximum limit of the operating range to the electrical input of the dosimeter in series with the microphone or its electrical equivalent. Apply this signal for a time (T_1) long enough to get a convenient reference indication. Change the frequency of the test signal to 50 Hz with the level increased by 10 dB. Apply this signal for a time adjusted for the expected change in response as shown in Table 1, ($10 - 30.2 = -20.2$ dB) so that the same reference indication should be obtained. (For the 3 dB exchange rate, the time corresponding to the change of 20.2 dB should be $104.7 \times T_1$; for the 4 dB exchange rate the time should be $33.1 \times T_1$; and for the 5 dB exchange rate the time should be $16.45 \times T_1$.) The actual relative indication should be such that it falls within the ± 2 dB tolerancce allowed at 50 Hz, taking into account the actual change in acoustical response of the microphone between 1000 and 50 Hz. [The observed indications can be converted to average levels by Eq. (3) of Sec. 4.7. Then the ± 2 dB tolerances can be applied to these converted levels.]

7.3 Directional Characteristics

The variation in sensitivity as a function of angle of incidence shall be measured at the one-third-octave frequencies between 31.5 and 8000 Hz, to ensure that the requirements of Sec. 5.2 are met.

7.4 Amplifier Circuits

The pulse range capacity of the amplifier is tested simultaneously with that of the squaring, averaging and exponential circuits in Sec. 7.5.

Amplifier noise shall be tested by replacing the microphone with an equivalent electrical impedance or by operating the dosimeter in a place where the sound level is at least 30 dB below the criterion level. The dosimeter is then operated for 8 hours. The output indication must be less than 1%.

7.5 Squaring, Averaging, and Exponential Circuits

Testing is achieved by applying a single short duration tone burst at a frequency of 4 kHz superimposed with matched zero crossings upon a low level 4 kHz continuous sinusoidal signal. The level of the continuous signal shall be above the noise floor of the dosimeter and shall be specified by the manufacturer. An integration period, timed with 2%, consisting of integral multiples of 10 s shall be used. The test shall be conducted using tone burst durations ranging from 1 ms to 1 s. It is recommended that tests be conducted with burst durations of 1 ms, 10 ms, 100 ms, and 1 s. The peak level of the tone burst when superimposed on the continuous signal shall exceed the level of the continuous signal by 53 decibels. The average sound level computed from the dose by Eq. 3 shall exceed the level of the continuous signal by an amount shown and within the tolerance given in Table 4A for SLOW response and 4B for FAST response.

For instruments whose linearity range is greater than their pulse range, the test shall be repeated at a level for the continuous signal equal to the upper limit of the linearity range minus the pulse range given.

7.6 Holding Upper Limit Indicator

When the microphone is replaced by an equivalent electrical impedance and a 1 kHz sinusoid is applied at a level 2 dB greater than the specified trigger level for the holding upper limit indicator, the indicator shall trigger within 2 s after signal application. The test shall be repeated at the specified trigger level, and the holding upper limit indicator shall not trigger. Other delay times after signal application may be provided.

TABLE 4-A. 53 dB Pulse range response (SLOW time constant) averaging.

Burst duration	3	4	5	Tolerance
	Exchange rate			
1 ms	10.4 dB	9.2 dB	8.4 dB	± 2.5 dB
10 ms	20.0 dB	18.5 dB	17.3 dB	± 2.5 dB
100 ms	30.0 dB	28.4 dB	27.1 dB	± 2.5 dB
1 s	40.0 dB	38.6 dB	37.5 dB	± 2.5 dB

TABLE 4B. 53 dB Pulse range response (FAST time constant)

Tone burst duration	3	4	5	Tolerance
	Exchange rate			
1 ms	10.4 dB	7.2 dB	5.3 dB	± 2.5 dB
10 ms	20.0 dB	15.8 dB	12.4 dB	± 2.5 dB
100 ms	30.0 dB	25.7 dB	21.8 dB	± 2.5 dB
1 s	40.0 dB	37.1 dB	34.3 dB	± 2.5 dB

Alternatively, the time duration for which the exponentially averaged sound level exceeded the trigger level can be recorded. Time duration must be determined with an accuracy of ± 1 s.

7.7 Exponent Circuit and Integrator

The linearity of the integrator including the exponent circuit (if provided) and the indicator shall be tested at a frequency of 1000 Hz to satisfy the tolerance given in Sec. 5.5. The test signal level corresponding to the criterion level L_c is taken as the reference in determining linearity. The instrument is first tested at various levels while the duration of the test signal is held constant for a time corresponding to a dose of 100% of the maximum input level. The test shall be made at the maximum and minimum limits of the operating range and at levels between the extremes at intervals no greater than 10 dB. The tolerances on the indication are calculated using Eq. 2 of Sec. 4.7 and inserting the appropriate ± 0.5 or ± 1 dB limits for L, as given in Sec. 5.6.

The instrument is then tested at various durations (T) with the test signal applied at the criterion level L_c. The test shall be made at the maximum duration allowed (i.e. the duration which should produce an indication of 100% at the test level), at a duration that produces an indication of 10%, and at intermediate steps not to exceed 20%. Tolerance on the indication is 0.05 times the indicated value or 1%, whichever is larger.

Another test shall be made to demonstrate that the exponent circuit and the integrator are arranged properly in the circuit. A steady test with sine waves cannot assure this. This test shall be made at a frequency of 1 kHz. Equipment shall be arranged to apply a voltage equivalent to the maximum input within the operating range for a time one-tenth the maximum measurement duration (T) allowed by the instrument at this input. (Duration of T does not have to be less than 1 minute.) This is followed by a voltage 20 dB less than the initial voltage for a time nine-tenths T. The sequence is repeated as indicated in Fig. 2.

The indication corresponding to the maximum limit of the operating range at the maximum duration allowed (T) at that level shall be taken as a reference indication for this test (note that this is one-half the duration ($2T$) of the test sequence).

The indication produced by this signal shall fall within the range 0.19–0.25 times the reference indication when the exchange rate is 3 dB. For an exchange rate of 4 dB, the indication shall fall within the range 0.23 to 0.28 times the reference indication. When the exchange rate is 5 dB, the indication shall fall within the range of 0.29–0.34 times the reference indication. The tolerance in each case corresponds to a tolerance of ± 0.5 dB in average level.

The threshold circuit shall be tested at levels specified by the manufacturer at a frequency of 1000 Hz with a cyclic signal having a period of 10 s. Half the

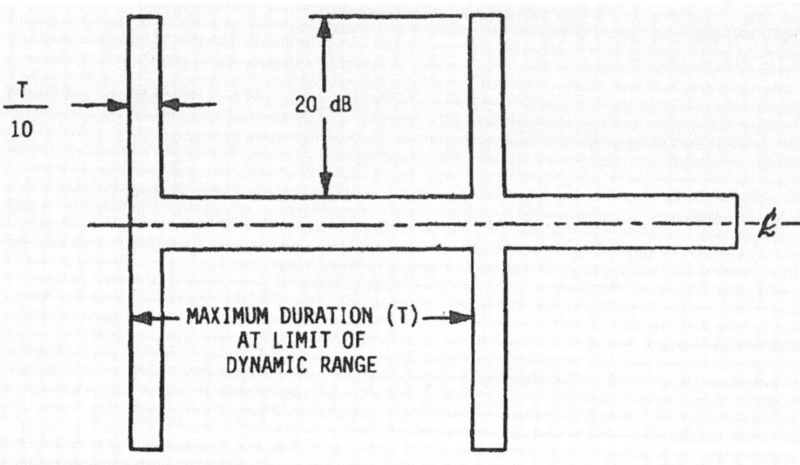

FIG. 2. Envelope of modulated test signal.

period will be at a level 3 dB above the threshold if the instrument's exchange rate is 3 dB, and 4 dB or 5 dB above the threshold when using the 4 dB or 5 dB exchange rate respectively, and the other half of the period will be at a level 2 dB below the threshold level for all exchange rates. This amplitude varying signal is applied for a time duration that will produce an indication of 100% at the threshold level based on the unit's exchange rate and criterion level. The resulting indication over this time period will be within the limits shown in Tables 5A and 5B and correspond to a tolerance of ± 0.5 dB in average level.

TABLE 5A. Threshold tolerances (SLOW time constant)

Exchange rate	Tolerance limits (percent criterion exposure)
5	54–62
4	49–59
3	45–57

TABLE 5B. Threshold tolerances (FAST time constant)

Exchange rate	Tolerance limits (percent criterion exposure)
5	47–55
4	46–55
3	44–56

7.8 Rise and Decay Times

The rise and decay time constant of the exponential averaging device shall be 1 s for SLOW, and 0.125 s for FAST, and will be tested for compliance by the 1 s tone burst used in the pulse range tests of Sec. 7.5. (*See* Table 4A and 4B.)

NOTE: When applied to an instrument having a 3 dB exchange rate, this test verifies only the symmetry of the rise and decay time constants.

7.9 Fold-Over Distortion

The behavior at levels above the normal operating range shall be tested to ensure that the response is monotonic over an extended range. If any sinusoidal signal having a frequency in the range 20 Hz–10 kHz is applied at any level above the maximum limit of the specified operating range, up to a level which is 40 dB higher than the maximum limit of the specified operating range, the resultant indication shall not be less than that produced by a signal at the maximum limit and having the same frequency. This test may be an electrical test at the input of the dosimeter with the signal fed in series with the microphone or its equivalent impedance, provided the response of the microphone itself is monotonic over the range to be tested. The input must be limited, however, so that neither the acoustic or electrical test signals exceed the maximum safe operating level of the microphone or electrical circuits.

8. RATING INFORMATION AND INSTRUCTION MANUAL

8.1 Label

A dosimeter that complied with this standard shall be marked with "complies with ANSI S1.25-1992," and shows the name of the manufacturer, a model number, a serial number or equivalent, and either the class designation (Sec. 3.15) or a means to obtain the information required in the class designation, (e.g., class: *See* manual).

8.2 Instruction Manual

An instruction manual shall be supplied with the dosimeter that includes at least the information listed below in addition to that marked on the instrument.

(1) Class designation
(2) *Exchange rate
(3) *Threshold level (L_t)
(4) *Criterion level (L_c)
(5) *Criterion duration (T_c)
(6) Trigger level and delay time for holding upper limit indicator
(7) Operating range over which the characteristics of the dosimeter are within all specified tolerances
(8) Pulse range
(9) Microphone:
 (a) Typical type tested frequency response characteristic for free field (at least at 0 and 90) and pressure or random incidence
 (b) Maximum safe SPL.
(10) Effect of vibration on dosimeter accuracy
(11) Sensitivity to magnetic fields
(12) Operational temperature range
(13) Operational humidity range
(14) Limits of temperature and humidity for storage of the instrument including its batteries
(15) Calibration procedure, including the effects of altitude on the calibration
(16) Battery check procedure
(17) Recommendations for position of instrument case and wearer relative to the microphone for normal use
(18) Test points as required in Sec. 4.8 in the instrument if any are available. The electrical impedance that may be connected between each test point and reference ground shall be stated
(19) The sound level corresponding to the peak sound pressure level to which the dosimeter may be exposed without significant nonlinear effects
(20) Recommended time interval between laboratory recalibrations
(21) Operational instructions and tests to ensure that the dosimeter satisfies the requirements of this standard

*If these are selectable, the values available and means for setting and identifying them must be given.

REFERENCES

(1) G. F. Kuhn, R. M. Guernsey, "Sound Pressure Distribution About the Human Head and Torso," *J. Acoust. Soc. Am.* 73, 1983, pp. 95–105.

제3장

청력보존프로그램

3.1 개요 및 목표

청력보존프로그램은 작업자의 청력을 보호하기 위하여 소음노출평가, 소음노출기준 초과에 따른 공학적 대책, 청력보호구의 지급과 착용, 소음의 유해성과 예방에 관한 교육, 정기적 청력검사, 기록·관리 사항 등이 포함된 소음성 난청을 예방·관리하기 위한 종합적인 계획을 말한다.

청력보존프로그램은 다음의 목표를 가지고 시행한다.

① 작업환경측정과 특수건강진단 등의 청력손실 방지를 위한 활동을 확장하여 보다 적극적인 소음성 난청의 예방과 청력보호를 목표로 한다.

② 근로자의 청력을 보호함으로써 의료·보상비용의 절감, 근로일수의 손실 방지 및 필요한 인적자원의 확보를 목표로 한다.

3.2 대상

청력보존프로그램을 수립하여 관리해야 할 대상은 다음과 같다.

① 강렬한 소음(85 dB(A))이 발생하는 사업장

② 소음성 난청자(D1)가 발생한 사업장

③ 기타 소음 환경의 관리가 필요하다고 인정되는 사업장 등

3.3 청력보존프로그램의 구성

청력보존프로그램의 기본 내용은 다음과 같다.

① 교육 : 소음성 난청의 예방과 청력보호를 위한 교육의 제공
② 측정 : 작업장 소음 수준의 정기적인 측정과 평가
③ 공학적 관리 : 소음을 제거하기 위한 공학적 관리와 소음노출을 줄이기 위한 작업관리
④ 보호구 : 청력보호구의 제공과 착용 지도
⑤ 건강관리 : 소음작업 근로자에 대한 배치전 및 정기적 청력검사·평가와 사후관리
⑥ 기록, 평가 : 청력보존프로그램의 수립·시행의 문서 및 기록·관리
청력보존프로그램의 수립·시행 결과에 대한 정기적인 평가와 보완

외국의 청력보존프로그램과 한국의 청력보존프로그램의 내용을 비교하여 보면 〈표 3.1〉과 같다.

표 3.1 외국과 한국의 청력보존프로그램의 내용 비교

외국	한국(KOSHA)
1. Noise Monitoring(소음측정(주파수포함)) 2. Hearing Protection(청력보호구) 3. Hearing Tests(청력손실측정) 4. Training(훈련)	1. 목적 2. 적용범위 3. 용어의 정의 4. 청력보존프로그램의 목표 5. 청력보존프로그램의 내용 6. 청력보존프로그램의 운영체계 7. 소음성 난청 예방 교육 8. 소음측정 및 노출 평가 9. 공학적 대책 10. 청력보호구의 지급 및 착용 11. 청력검사·평가 및 사후관리 12. 문서 및 기록·관리 13. 청력보존프로그램의 평가

3.4 조직의 구성과 구성원 역할

청력보존프로그램은 통상적으로 기존 조직과는 별도의 T/F(Task Force) 팀을 구성하여 프로그램을 운영 및 관리하는 것이 효율적이다.

T/F 팀은 보건관리자, 근로자대표 또는 명예산업안전감독관, 해당 부서 관리자(예산결정권자), 설비담당자, 외부소음전문가 등으로 구성하고 보건관리자는 팀의 리더로 팀의 운영에 대한 지속적 관리와 주기적 회의 진행 및 팀의 성과 보고 그리고 소음 감소를 위한 기본 개념의 교육 업무를 담당한다. 해당 부서 관리자와 설비담당자는 소음 설비에 대한 기초조사와 팀의 소음 감소 활동과 생산성 관계 검토업무와 소음 감소 작업의 시행 및 개선 업무를 지원한다. 그리고 외부 소음 전문가는 소음 감소 활동에 대한 전문 지식을 제공하고 조언한다. 그리고 근로자는 사업장 청력보존프로그램의 시행에 적극적으로 참여하고 협조한다.

그리고 T/F 팀은 청력보존프로그램의 시행에 따라 해당 근로자에게 결과 고지, 안내, 지도, 교육, 감독 등의 활동을 정기적으로 실시한다.

3.5 청력보존프로그램 업무 흐름도

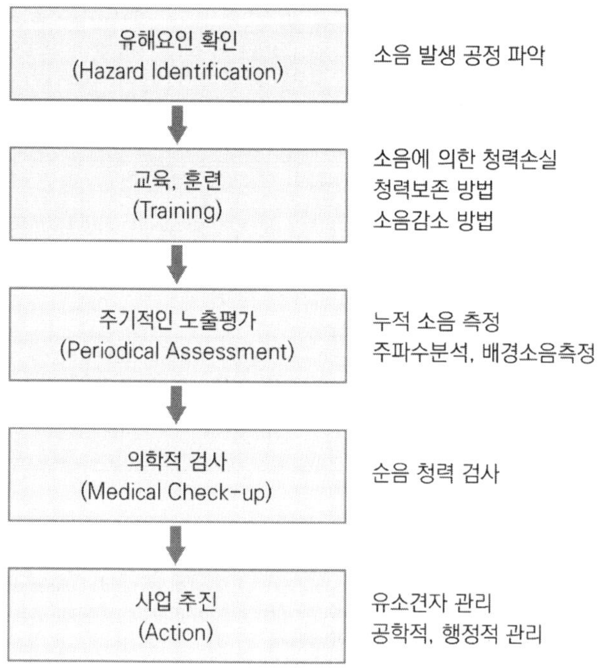

그림 3.1 청력보존프로그램 업무 절차

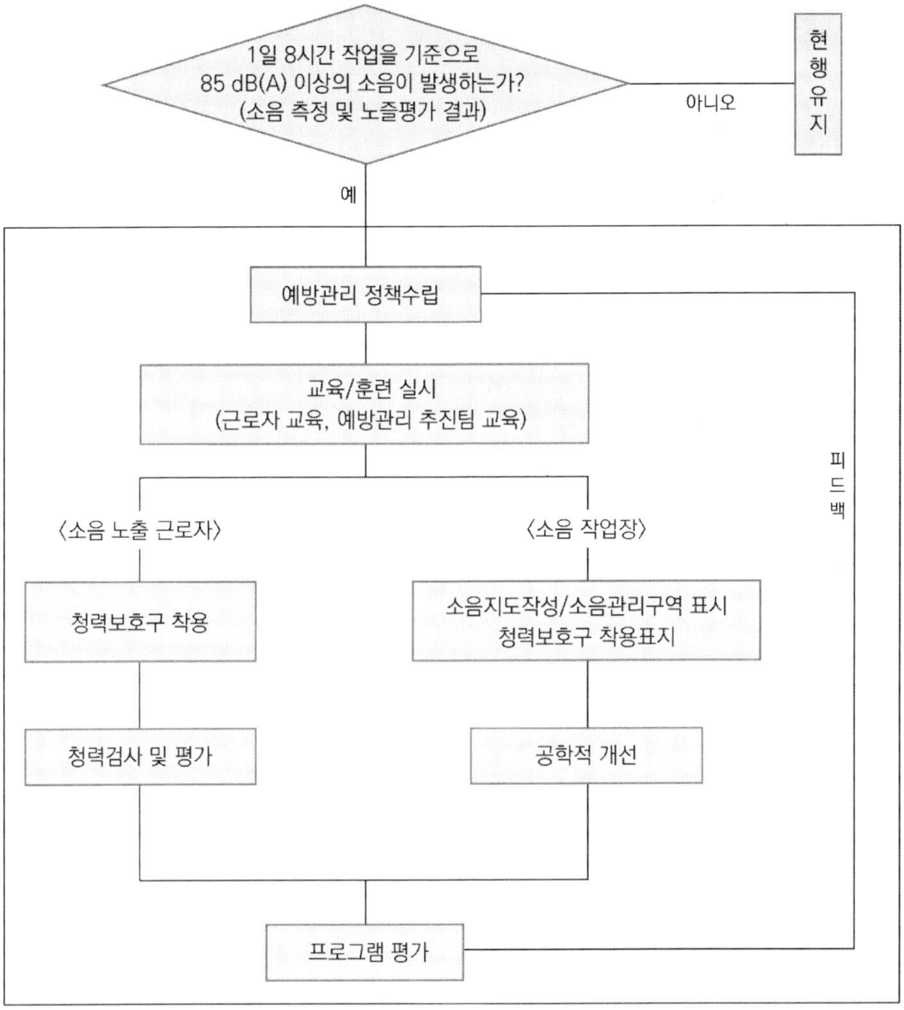

그림 3.2 청력보존프로그램 진행 절차

3.6 교육

근로자에게 소음의 유해성 등에 관하여 소음에 관한 전문 지식을 보유한 자로 하여금 매년 정기적으로 교육을 실시하며 그 내용은 다음의 사항을 포함해야 한다.

① 소음의 유해성과 인체에 미치는 영향
② 소음의 초과 정도와 과거의 측정 결과와 비교
③ 현재 시행되고 있는 관련 대책 및 향후 대책
④ 소음성 난청 예방을 위하여 근로자가 취하여야 할 조치
⑤ 청력보호구의 착용 목적, 장·단점, 형태별 감음 효과, 보호구 선정 및 착용 방법 및 주의사항
⑥ 청력검사의 목적, 방법, 결과의 이해와 사후관리
⑦ 현재 시행되고 있는 당해 사업장의 청력보존프로그램의 내용 및 향후 대책
⑧ 소음성 난청의 예방과 청력 보호를 위하여 근로자가 취하여야 할 조치

3.7 소음 노출 평가

소음의 측정은 고용노동부 지정 작업환경측정기관을 활용하거나 노동부령이 정하는 자격 기준을 가진 자로 하여금 작업환경측정 정도관리 규정을 기준으로 평가한다.

공학적 개선을 위해 누적소음측정기, 지시소음계, 주파수 측정기를 사용하여 측정하는데 정상적인 작업이 이루어질 때 측정을 실시하여 평가한다.

신규로 가동되는 설비가 있는 경우는 30일 이내에 측정을 실시한다.

그리고 소음에 대한 측정 결과는 작업자들이 알 수 있도록 조치한다.

그리고 소음 측정을 통하여 작업장의 소음 발생 정도를 파악하여 청력손실을 유발할

수 있는 소음이 발생하는지 여부를 파악하여 관리해야 할 근로자를 확인하고 공학적인 개선대책 수립을 위한 측정을 진행한 후 작업장의 개선에 대한 우선순위를 결정하여 개선을 진행하고 개선 완료 후에는 개선의 효과를 평가하여야 한다.

소음측정 및 노출 평가의 목적은 다음과 같다.

① 청력보존프로그램에 포함시켜야 되는 대상 근로자의 확인
② 소음이 발생하는지 여부 확인
③ 공학적인 개선대책 수립
④ 소음 감소 방안의 우선순위 결정
⑤ 공학적 개선대책의 효과 평가

소음 측정 및 평가

- 소음작업 근로자에 대한 소음 노출 평가는 개인용 청력보호구의 사용과 무관하게 평가하여야 한다. 즉, 청력보호구의 사용에 따른 차음효과는 고려하지 않는다.
- 청력보존프로그램을 운영하는 사업장은 80 dB(A) 이상의 모든 연속음과 120 dB(A) 이상의 충격음에 대하여 소음 측정과 평가를 수행한다.
- 사업주는 8시간 시간가중평균 90 dB(A) 이상 노출된 근로자에게 그 결과를 통보한다.
- 지역 소음 측정 결과에 따라 소음지도를 작성하거나 소음 수준에 따라 소음관리 구역을 설정하고 표시한다. 예를 들면, 소음 수준은 85 dB(A) 미만(녹색 지역), 85~90 dB(A)(황색 지역), 90~100 dB(A)(주황색 지역), 100 dB(A) 이상(적색 지역) 등으로 구분한다.

3.8 공학적 대책

작업장의 소음에 대한 공학적 대책은 다양한 현장의 특성을 파악하여 선택적으로 적용한다.

① 소음 노출기준을 초과할 가능성이 있는 경우에는 시설, 설비, 작업방법 등을 점검한 후 개선하고, 소음 노출기준을 초과한 경우에는 시설, 설비, 작업방법 등에 대한 개선대책을 수립하여 시행한다.

② 기계·기구 등의 대체, 시설의 밀폐, 흡음 또는 격리 등 공학적 대책을 적용한다.

③ 공장의 설계, 시공단계 및 도입 시설 장비의 설치 시 저소음 공정, 저소음 장비, 저소음의 자재를 사용한다.

④ 기존의 작업소음에 대한 공학적 대책은 소음원 관리, 소음 전파 경로 관리 및 소음 노출 근로자에 대한 대책으로 구분한다.

㉠ 소음원 관리 방법으로는 저소음 기계로의 교체를 통한 저소음화 및 마모된 부품의 교체 등 발생 원인의 제거, 방음장치로서 방음실, 방음 스크린, 소음기, 흡음 덕트의 활용, 방진고무, 스프링, 제진재 활용을 통한 방진, 제진, 공장 자동화 및 배치 변경 등의 운전방법의 개선을 적용한다.

㉡ 소음 전파 경로 관리 방법으로는 배치 변경을 통한 거리 감쇠 효과, 차폐물·방음벽의 차폐효과, 실내 흡음처리를 통한 흡음 대책, 음원의 방향 조정의 지향성 대책을 적용한다.

㉢ 소음 노출 근로자에 대한 대책으로는 방음감시실(Control room)을 통한 차음방법을 적용한다.

㉣ 공학적 대책을 적용하기 곤란한 경우 근로자 노출시간의 저감, 순환근무의 실시 또는 개인 청력보호구의 착용 등 작업 관리적 대책을 시행한다.

3.9 청력보호구

소음이 발생하는 작업장에서 일하는 근로자는 개인별로 지급받은 청력보호구를 착용하여야 한다.

이 경우 근로자가 속한 공정의 작업 특성과 소음의 발생 특성을 고려하여 안전보건공단의 검정을 받은 제품으로 착용해야 한다.

그리고 근로자는 지급받은 보호구를 올바른 착용 방법으로 착용하고 사용하여야 한다.

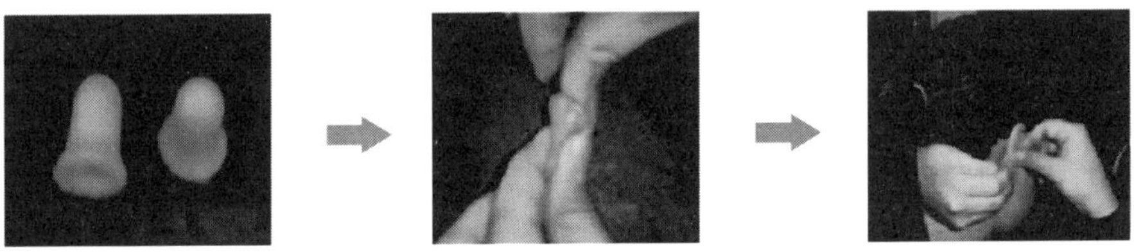

그림 3.3 청력보호구 착용 방법

① 사업주는 소음작업 근로자에 대해 다양한 청력보호구를 제공하여 선택하도록 하고, 당해 근로자는 반드시 청력보호구를 착용한다.

② 소음측정 평가 결과 노출기준을 초과하는 작업장에는 청력보호구 착용에 관한 안전·보건 표지를 설치하거나 부착한다.

③ 청력보호구의 선택과 착용 및 효과에 대한 유의사항은 다음과 같다.

㉠ 여러 가지 청력보호구를 제공한 후 편안하고 착용하기 쉬운 청력보호구를 선택하여 착용하도록 지도하는 것이 청력보호구의 착용 순응도와 효과를 높일 수 있는 방법이다.

㉡ 청력보호구의 실제 차음 효과는 제조회사에서 제시하는 수치보다는 작을 수 있다.

㉢ 소음작업장에서 작업하는 동안 청력보호구를 지속적으로 착용하지 않으면 소음감소 효과가 떨어지므로 작업 시 계속 착용하여야 한다.

④ 청력보호구는 근로자가 노출되고 있는 소음의 특성과 작업특성을 고려하여 선정, 제공한다.(〈표 3.2〉 참조)

표 3.2 청력보호구의 사용 환경과 장단점

종류	귀마개	귀덮개
사용 환경	덥고 습한 환경에 좋음	간헐적 소음 노출 시
	장시간 사용할 때	귀마개를 사용할 수 없을 때
	다른 보호구와 동시에 사용할 때	-
장점	작아서 휴대가 간편	• 착용 여부 확인 용이
	안경이나 머리카락 등에 방해받지 않음	• 귀에 이상이 있어도 착용 가능
단점	• 착용 여부 파악 곤란 • 착용 시 주의할 점이 많음 • 많은 시간과 노력이 필요 • 귀마개 오염 시 감염될 가능성 있음	• 장시간 사용 시 내부가 덥고, 무겁고 둔탁함 • 보안경 사용 시 차음 효가 감소 • 값이 비쌈

㉠ 청력보호구는 보호구의 착용으로 8시간 시간가중평균 90 dB(A) 이하의 소음노출 수준이 되도록 차음효과가 있어야 한다. 단, 소음성 난청 유소견자나 유의한 역치변동이 있는 근로자에 대해서는 청력보호구의 착용 효과로 소음노출 수준이 최소한 8시간 시간가중평균 85 dB(A) 이하가 되어야 한다.

㉡ 작업장의 소음 수준이 증가하였을 때에는 이전보다 차음 효과가 큰 청력보호구를 지급한다.

㉢ 한 종류의 청력보호구로 충분한 감쇠 효과를 가질 수 없는 고소음 작업장에서는 귀마개와 귀덮개를 동시에 착용하여 차음 효과를 높여 준다.

⑤ 근로자에게 청력보호구를 지급하는 때에는 올바른 선택과 착용 및 관리 방법에 대한 교육을 실시한다.

㉠ 귀마개는 개인의 신체적 조건에 맞는 모양과 크기의 것을 선택해야 하며 깨끗한 손으로 외이도의 형태에 맞게 형태를 갖추어 삽입한다.

㉡ 폼(Foam)형의 귀마개는 가급적 일회용으로 자주 교체하여 주어 항상 청결을 유지하여야만 귀의 염증을 예방할 수 있다.

㉢ 귀덮개는 귀 전체가 완전히 덮일 수 있도록 높낮이 조절을 적당히 한 후 착용한다.

㉣ 귀마개를 삽입하는 동안 착용하는 반대쪽 손을 머리 뒤로 하여 귓바퀴를 상외측

으로 당기면 착용하기가 편리하다.

㉤ 귀마개를 재빨리 빼면 고막에 통증과 손상을 줄 수 있다. 따라서 귀마개를 뺄 때에는 끈을 잡아당기지 말고 귀에서 끝을 잡고 완만하게 비틀어서 빼낸다.

⑥ 지급한 청력보호구에 대하여는 상시 점검하여 이상이 있는 경우 이를 보수하거나 다른 것으로 교환하여 준다.

⑦ 경고나 알림 신호를 소리로 들어야 하는 청력보호구 착용 작업자에게는 사전 교육을 통해 경고음을 숙지하게 하되 가급적이면 시각적 경고 또는 알림 신호를 사용한다.

3.10 청력검사

① 청력검사 및 평가는 고용노동부고시 근로자 건강진단 실시기준 및 KOSHA CODE 순음청력검사지침을 기준으로 실시한다.

② 청력검사는 소음에 노출되는 근로자의 청력손실 정도의 변화 및 소음의 영향을 파악하기 위해 실시한다.

③ 청력검사의 대상은 근로자의 신규채용, 소음작업 부서에 종사할 근로자를 대상으로 실시하고 검사주기는 최초 작업에 배치 후 1년 이내에 실시하고 그 후 2년에 1회 이상의 주기로 실시한다.

단, 작업환경측정결과 노출기준 이상인 작업공정에 속한 근로자와 건강진단 실시결과 직업병 유소견자가 발생한 작업공정의 근로자는 실시 주기를 2분의 1로 단축하여 실시한다.

④ 청력검사 및 평가는 고용노동부고시 근로자 건강진단 실시기준 및 KOSHA CODE 순음청력검사지침을 기준으로 실시하며 청력보존프로그램을 시행하는 사업장의 소음작업에 첫 배치되는 근로자에 대해서는 배치 전에 기초 청력검사를 시행하고, 이후 청력역치의 변동을 비교하기 위해 매년 정기적으로 청력검사를 실시하여 관리

한다.

⑤ 소음성 난청 유소견자나 요주의자에 대해서는 다음과 같이 적극적인 관리 조치를 시행한다.

㉠ 청력보호구를 사용하고 있지 않은 소음성 난청 유소견자나 요주의자에 대해서는 적정한 청력보호구를 지급하고, 그 사용과 관리에 대하여 교육을 시킨 후 사용하게 한다.

㉡ 이미 청력보호구를 사용하고 있는 소음성 난청 유소견자나 요주의자에 대해서는 청력보호구 착용 상태를 재점검하고, 필요한 경우 더 큰 차음력을 가지는 청력보호구를 제공한다.

㉢ 추가 검사가 필요한 경우, 직업환경 의학적인 청력 평가나 이비인후과 검사를 실시한다.

㉣ 작업과 무관한 청각장애의 경우, 사업주는 당해 근로자에게 이비인후과 검사, 치료 및 재활 필요가 있음을 통보한다.

3.11 청력보존프로그램의 평가

청력보존프로그램의 적정성을 정기적으로 평가하고 필요시 적절한 조치를 수행한다.

① 소음노출 평가방법 및 결과의 적정성
② 공학적 및 작업 관리적 대책 수립의 적정성
③ 작업 특성에 따른 청력보호구의 선정, 사용 및 유지관리의 적정성
④ 청력검사와 평가 시스템의 적정성
⑤ 근로자에 대한 교육·훈련의 적정성

3.12 문서의 기록 관리

청력보존프로그램의 내용 중 문서로 작성 보관하여야 할 내용은 청력보존프로그램 수립, 시행 계획서, 소음노출 평가 결과, 청력검사 자료(청력역치 결과, 청각도 - 오디오그램 등) 및 평가 결과, 공학적 및 관리적 대책 수립의 세부 내용, 청력보호구 지급, 착용실태, 청력보존프로그램의 평가와 평가 결과에 따른 대책 등이 있다. 그리고 소음 노출에 대한 평가결과는 5년 이상 보관하여야 하며 청력검사 자료는 해당 근로자가 퇴직 시까지 보관하도록 한다.

청력보존프로그램

(작성 예시)

2025. .

㈜ ○○○산업

1. 목적

이 프로그램은 산업보건기준에 관한 규칙(이하 "보건규칙"이라 한다) 제517조의 규정에 의한 청력보존프로그램(이하 "프로그램"이라 한다)으로서, 소음으로 인한 근로자 건강장해 예방 및 쾌적한 작업환경조성을 목적으로 한다.

2. 적용 대상(공정)

법 제125조의 규정에 의한 소음의 작업환경측정결과 소음수준이 85 dB(A)를 초과하는 공정과 소음으로 인하여 근로자에게 건강장해가 발생한 공정

공정명	발생원	측정 결과		적용 사유
		측정치	노출기준	
			90 dB(A)	90 dB(A) 초과
			90 dB(A)	건강장해 발생

3. 조직 및 운영

가. 프로그램 추진 조직

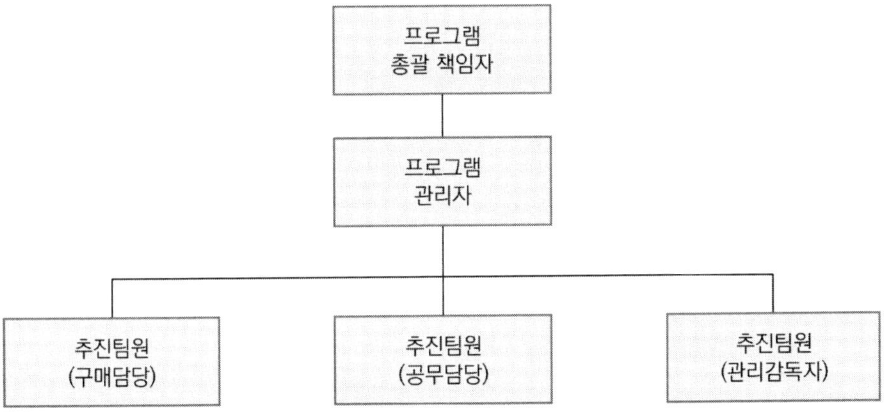

① 청력보존프로그램의 효율적이고 성공적인 운영을 위하여 프로그램 추진팀을 구성·운영한다.

② 프로그램 총괄 책임자는 청력보존프로그램 추진팀을 대표하고 팀원의 활동을 지휘·감독하고 추진팀의 각종 회의를 운영한다.

③ 프로그램관리자는 실질적인 프로그램 운영 실무 전반을 관리하며 소음수준 평가, 보건교육, 추진 팀원의 활동 지도업무 및 프로그램 평가, 관리, 관련 서류 기록·보존 등의 업무를 수행한다.

④ 추진 팀원은 프로그램 업무가 효율적으로 운영될 수 있도록 보호구 착용상태 지도, 공학적 개선 시 기술적인 검토 등의 업무를 수행한다.

⑤ 근로자는 회사에서 실시하는 소음성 난청 예방을 위한 교육 참석, 청력 보호구 착용 등 청력보존프로그램의 성공을 위하여 적극적으로 참석한다.

나. 청력보존프로그램의 업무 흐름도

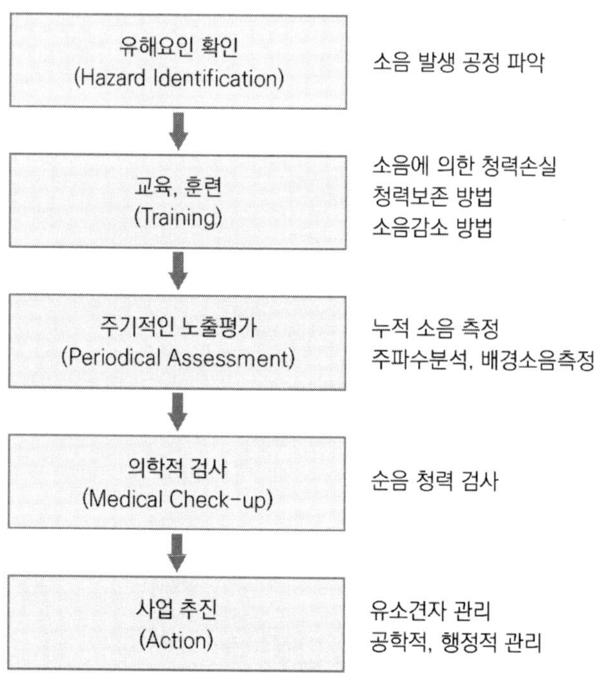

다. 청력보존프로그램 추진 절차

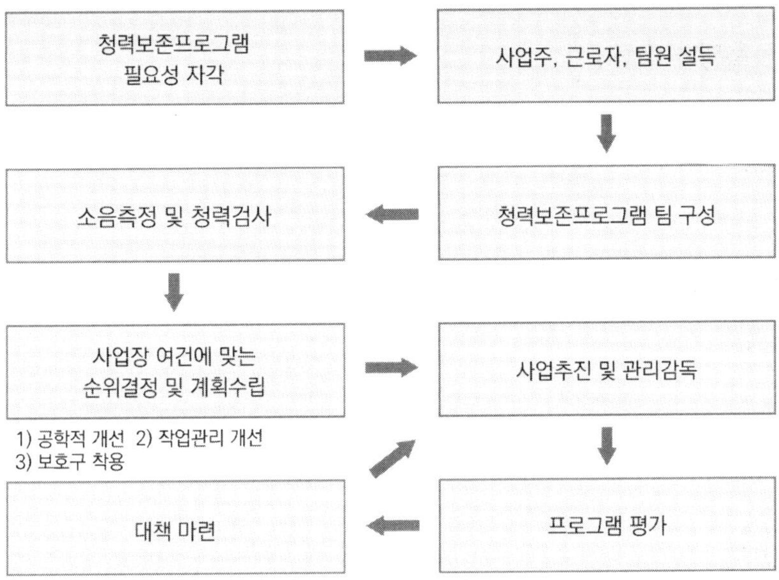

4. 소음노출평가

(1) 소음노출평가 실시

① 소음 노출평가는 고용노동부 장관이 지정하는 작업환경측정기관을 활용하거나 노동부령이 정하는 자격기준을 가진 자로 하여금 작업환경측정 및 정도관리규정(노동부고시)을 기준으로 평가한다.

- 작업환경측정기관 : ○○○○○○○

② 다만, 공학적 개선 등을 위하여 소음노출량측정기, 지시소음기, 주파수측정기 등을 사용할 수 있다.

③ 작업환경측정은 작업이 정상적으로 이루어져 근로자의 소음에 대한 노출 정도를 정확히 평가할 수 있을 때 측정 평가한다.

④ 신규로 가동되거나 변경되는 등으로 작업환경측정대상 작업장이 된 경우에는 그날부터 30일 이내 실시한다.

⑤ 작업환경측정 결과를 당해 작업 근로자에게 알려준다.

(2) 소음노출평가 절차

① 청력손실을 유발할 수 있는 소음이 발생하는지 여부 확인
② 청력손실 예방을 위한 프로그램에 포함시켜야 되는 근로자 확인
③ 공학적인 개선대책 수립을 위한 소음평가
④ 소음 감소 방안의 우선순위 결정
⑤ 공학적 개선대책의 효과 평가

5. 공학적 대책

① 프로그램을 수립, 시행하는 경우 기계·기구 등의 대체, 시설의 밀폐, 흡음 또는 격리 등 공학적 대책을 가장 우선적으로 적용한다.
② 공학적 개선대책 수립을 위하여 사업장 내부의 전문가를 선정하기가 곤란한 경우에는 외부의 전문가에게 의뢰한다.
③ 공학적인 개선대책 수립 시에는 현장 근로자의 반발 감소, 경험에 의한 정보 획득을 위하여 토의할 시간을 가져야 하고 효율적인 작업을 위한 인간공학적인 면도 고려한다.

공학적 개선대책 예시

소음발생 원인 및 유형	소음 감소 대책
압축공기에 의한 소음	차음, 소음기, 흡음
진동에 의한 소음	구조진동 : 댐핑재, 바닥진동 : 절연(방진고무)
충격 소음	차음, 흡음, 덮개, 방음벽, 댐핑재, 방진고무
기계적인 소음(마찰, 모터, 기어, 베어링, 벨트 등)	차음, 흡음, 덮개, 방음벽, 기타
반향소음(Reverberation)	흡음매트
공간을 통한 소음의 누설	차음, 흡음, 덮개, 방음벽

④ 공학적 대책이 현저히 곤란한 경우 근로자 노출시간의 저감, 교대근무의 실시 또는 개인보호구의 착용 등 작업 관리적 대책을 시행한다.

6. 청력 보호구 지급·착용[별표1 참조]

① 소음작업, 강렬한 소음작업, 충격소음작업 또는 85 dB(A) 이상의 소음 폭로작업에 근로자를 종사하도록 하는 경우 해당 공정의 근로자에게 청력보호구를 개인별로 지급하고 착용하도록 하여야 한다.

② 청력보호구 선정 시 근로자가 노출되고 있는 소음의 특성과 작업 특성을 고려하고 안전보건공단의 검정을 필한 제품으로 근로자에게 제공한다.

③ 청력보호구의 선정 시 근로자의 신체적 조건에 맞는 모양과 크기 및 청력 보호구의 성능을 고려하여야 한다.

④ 근로자에게 청력보호구를 지급하는 때에는 올바른 착용 및 관리 방법에 대한 교육을 실시한다.

7. 청력검사 및 평가

청력검사 및 평가는 고용노동부고시 제2023-8호 “근로자 건강진단 실시기준” 및 KOSHA CODE H-56-2021 “순음청력검사지침”을 기준으로 관계 전문가가 실시하여야 한다.

• 청력검사 기관 : ○○○○○○○(지정특수건강진단기관)

(1) 청력검사의 필요성

① 소음에 노출되는 사원 개개인의 청력손실 정도의 변화 및 소음의 영향을 파악하기 위해 필요하다.

② 난청의 종류, 치료 방법의 선택 및 치료 효과를 위해 필요하다.

③ 청력검사 결과는 청력보존프로그램의 성공 여부를 파악하는 데 필요하다.
④ 청력보호 필요성을 인지시킬 수 있는 교육을 할 수 있는 기회로써 필요하다.

(2) 청력검사의 대상, 검사주기 등

① 배치 전 건강진단은 근로자의 신규채용 또는 작업 부서의 일환으로 특수건강 진단 대상 업무에 종사할 근로자에 대하여 직업병의 조기발견에 필요한 기초 건강자료 확보와 유해업무에 대한 업무 적합성 평가를 위하여 업무에 배치한다.
② 특수건강진단은 직업병을 조기 발견하기 위하여 유해업무에 종사하고 있는 근로자에 대하여 실시하며 소음작업의 경우 배치 후 1년 이내에 실시하고 그 후에는 2년에 1회 이상 주기적으로 실시한다.
③ 단, 다음의 경우에는 특수건강주기를 2분의 1로 단축하여야 한다.
㉠ 작업환경을 측정한 결과 노출기준 이상인 작업공정에서 소음에 노출되는 모든 근로자
㉡ 특수건건강진단, 수시건강진단 또는 임시건강진단을 실시한 결과 직업병 유소견자가 발견된 작업공정에서 소음에 노출되는 모든 근로자

8. 유해성 등에 관한 교육

① 근로자에게 소음의 유해성 등에 관하여 소음에 관한 지식을 보유한 자로 하여금 매년 정기적으로 교육을 실시한다.
② 소음의 유해성 등에 관한 근로자 교육에는 다음과 같은 내용을 포함한다.
㉠ 소음의 유해성과 인체에 미치는 영향
㉡ 소음의 초과 정도와 과거의 측정결과와 비교
㉢ 현재 시행되고 있는 관련 대책 및 향후 대책
㉣ 소음성 난청 예방을 위하여 근로자가 취하여야 할 조치
㉤ 청력보호구의 착용 목적, 장단점, 형태별 감음효과, 보호구 선정, 착용방법 및 주의사항

ⓑ 청력검사의 목적과 방법

9. 프로그램의 평가

① 프로그램 수행 결과에 대하여 적정성을 주기적으로 평가하고 필요 시 적절한 조치를 취한다.

ㄱ 소음노출평가방법 및 결과의 적정성

ㄴ 공학적 및 작업 관리적 대책 수립의 적합성

ㄷ 작업 특성에 따른 청력보호구의 선정, 사용 및 유지관리의 적정성

ㄹ 청력평가 시스템의 적정 여부

ㅁ 근로자에 대한 교육·훈련의 적정성 등

② 제1항에 의한 평가를 실시하는 경우 [별표 2]의 청력보존프로그램 평가서를 표준으로 사용한다.

10. 프로그램의 기록·보관 관리

① 프로그램을 수립·시행한 경우에는 해당 프로그램을 문서로 작성하여 보관하여야 한다.

② 제1항의 규정에 의한 프로그램에는 다음 각 호의 사항을 포함한다.

ㄱ 청력보존프로그램 수립·시행 계획서

ㄴ 소음노출 평가 결과(작업환경측정 결과)

ㄷ 청력검사 자료(청력역치 결과, 청각도-오디오그램 등) 및 평가 결과

ㄹ 공학적 및 관리적 대책 수립의 세부 내용(자체 계획수립)

ㅁ 청력보호구 지급·착용실태(보호구 지급대장)

ㅂ 청력보존프로그램 평가와 평가 결과에 따른 대책(별표2 청력보존프로그램 평가서)

③ 소음노출 평가 결과는 최소한 5년 이상 보관하며, 청력검사 자료는 퇴직 시까지 보관한다.

[별표1] 청력보호구 선정 및 성능기준 등

1. 청력보호구 선택 시 참고사항

종류	장점	단점
귀마개	• 부피가 작아서 휴대하기에 편하다 • 안경, 헬멧, 머리카락과 상관없이 사용할 수 있다 • 고온작업장에서도 불편 없이 사용할 수 있다. • 좁은 작업장에서 머리를 많이 움직이는 작업을 할 때 사용하기 편하다. • 값이 싸다.	• 사용요령을 습득해야 한다. • 일반적으로 귀덮개보다 차음효과가 떨어지며 사용자에 따라 귀의 크기가 달라 차이가 크다. • 오염된 손으로 만짐으로써 외청도를 오염시킨다. • 보호구 착용 여부의 확인이 어렵다. • 외청도에 이상이 없는 경우, 즉 중이염 등이 없을 시에 사용 가능하며 이상이 없더라도 사용시간의 제한을 받는다.
귀덮개	• 귀마개보다 차음효과가 크고 개인차가 적다. • 여러 가지 크기로 할 필요가 없다. • 착용 여부가 쉽게 확인된다. • 작업자가 귀마개보다 쉽게 착용할 수 있다. • 착용방법이 틀리거나 귀마개에 비해 잃어버리는 일이 적다.	• 고온작업장에서 착용키 어렵다. • 휴대하거나 관리하거나 어렵다. • 오래 사용시 귀걸이의 탄력성이 감소하거나 귀걸이가 휘었을 때 차음 효과가 떨어진다. • 좁은 작업장에서 머리를 많이 움직일 때에 사용이 불편하다. • 값이 비교적 비싸다.

2. 청력보호구 등급 및 성능기준

가. 종류 및 등급

종류	등급	기호	성능
귀마개	1종	EP-1	저음부터 고음까지 차음하는 것
	2종	EP-2	주로 고음을 차음하여 회화음영역인 저음은 차음하지 않는 것
귀덮개	-	EM	

나. 성능기준

중심주파수(Hz)	차음치(dB)		
	EP-1	EP-2	EM
125	10 이상	10 미만	5 이상
250	15 이상	10 미만	10 이상
500	15 이상	10 미만	20 이상
1,000	20 이상	20 미만	25 이상
2,000	25 이상	20 이상	30 이상
4,000	25 이상	25 이상	35 이상
8,000	20 이상	20 이상	20 이상

3. 올바른 귀마개 착용 방법

① 섬유 형태의 귀마개는 자신의 귓구멍 크기에 맞도록 압축한다.

② 귀마개를 삽입 시 반대 손을 머리 뒤로 돌려 귀틀 바깥쪽으로 잡아당기고 귀마개를 끼운다.

③ 귀마개를 삽입 후 30초 정도 누르고 있는다.

④ 작업 중에 귀마개가 느슨해지면 그때마다 다시 착용하도록 한다.

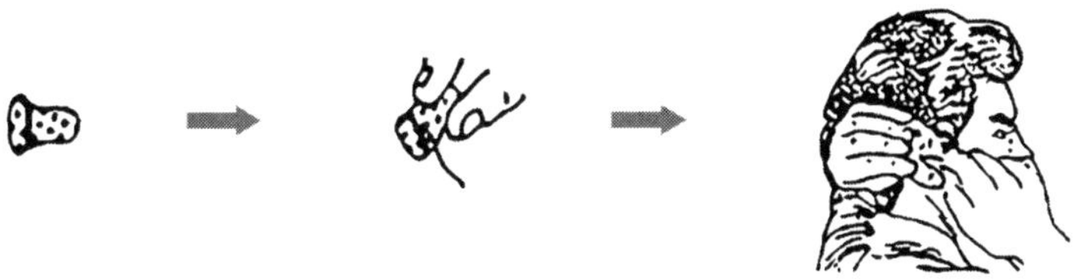

섬유형태의 귀마개 　 귓구멍 크기에 맞게 압축 　 외이도에 삽입

4. 귀마개 착용시 주의사항

① 최초 착용 시 외부의 소음이 줄어든 반면 자신의 음성이 크게 들리므로 근로자들의 대화 목소리가 낮아지고 의사전달이 어렵게 되어서 착용을 기피하는 경우도 있으므로 유의하여야 한다.

② 귀마개를 헐렁하게 끼우거나 귀덮개를 바르게 착용하지 않으면 소음 감쇠 효과는

반감된다.

③ 귀마개 등의 보호구는 안전보건공단 검정을 필한 양질의 보호구를 사용한다.

④ 귀마개는 청결하게 사용하지 않으면, 외청도에 염증이 생기는 등 부작용이 생기므로 주의하여야 한다.

[별표 2] 청력보존프로그램평가서

번호	내용	평가(O/X)
	소음노출평가	
1	전 공장 소음수준에 대한 평가를 하는가?	
2	노출기준 초과소음에 대하여 공학적 또는 관리적 대책을 수립 시행하고 있는가?	
3	개선대책 수립 시 근로자 및 관리감독자의 의견이 반영되는가?	
4	소음수준은 중요한 공정의 변화가 있을 때에도 평가되는가?	
5	120 dB(A)를 초과하는 충격소음에 노출되는가?	
6	누적소음기나 일반 소음기의 측정 전후에 보정은 실시하는가?	
7	소음평가 결과는 기록되고 보관되는가?	
8	근로자들은 소음평가결과를 통보받는가?	
9	소음측정결과는 해당공정 관리감독자에게 통보되는가?	
	청력평가	
10	청력검사 대상 작업자들이 매년 청력검사를 받는가?	
11	소음발생 작업장이나 노출기준 초과공정에 배치되는 근로자들에 대하여 배치 전 청력검진과 교육이 이루어지는가?	
12	청력검사를 하는 사람은 훈련되거나 자격이 있는 사람인가?	
13	소음에 대한 특수검진결과 C1판정자의 경우 그 결과를 해당 근로자에게 통보하여 청력손실 진행을 막기 위한 예방적 조치를 취하는가?	
14	청력검사결과는 근로자에게 알리고 있는가?	
15	청력검사결과는 기록되고 보관되는가?	
16	청력검사실은 순음청력검사지침(KOSHA CODE)의 기준에 적합한가?	
	소음 및 청력관리 교육	
17	소음에 노출되는 근로자들에 대한 교육을 실시하는가?	
18	교육내용에는 다음에 관한 사항이 포함되어 있는가? • 소음이 청력에 미치는 영향 • 청력보호구 착용의 목적 및 방법 • 청력검사의 목적 및 방법 등	
19	교육을 실시하는 강사는 소음에 관한 지식이 충분한가?	
	청력 보호구	
20	근로자에게 개인별 청력보호구가 지급되는가?	
21	프로그램 시행대상 공정 외의 근로자가 요청하면 보호구가 지급되는가?	
22	청력보호구를 제대로 착용하는지 여부가 보건관리자 또는 관리감독자에 의해 감독되는가?	
23	소음발생 공정에는 청력보호구 착용 표지가 부착되어 있는가?	

안전보건 교육일지

결재	담당	○○	○○

교육일시	년 월 일 요일 시 분~ 시 분						
교육구분	1. 신규채용자 교육(8시간 이상) 2. 작업내용 변경 시 교육(2시간 이상) 3. 안전보건특별교육(16시간 이상) 4. 관리감독자 교육(년간 16시간 이상) 5. 근로자 정기교육(생산직 : 매월 2시간 이상, 사무직 : 매월 1시간 이상) 6. 기타( ) 교육						
교육인원	구분		계	남	여	비고	
	교육대상 근로자수						
교육자료	교안	○	TP		VTR	기타	
교육목적							
교육내용							
교육실시자 및 장소	성 명		직 명		교육실시 장소		
교육평가 및 의견							
특기 사항							

보호구 지급 대장

번호	지급 일자	부서	성명	지급 수량			서명
				귀마개	귀덮개	방진마스크	

제4장

소음작업장 관리

4.1 개요

현장에서 발생하는 소음은 다음의 절차를 거쳐서 개선을 진행한다.

① 해당 작업장에서 발생하는 소음의 발생원이 무엇인지 파악한다.
② 해당 음의 근로자 노출 정도와 음의 특성을 파악한다.
③ 무엇을 콘트롤 할 것인가? 우선순위를 결정한다.
④ 어느 정도를 개선할 것인가? 목표치를 설정한다.
⑤ 개선의 방법을 도출한다.
⑥ 개선을 진행한다.
⑦ 개선 후 미비점을 찾아 보완한다.

4.2 작업환경 소음관리

소음작업장의 관리 방안은 발생원 관리, 전파경로 관리, 수음자 관리로 나누어진다.

발생원 관리는 저소음 기계 사용, 장비 유지 보수, 운전 조건 최적화, 소음원 격리의 방법이 있다.

전파경로에 대한 대책으로는 거리감쇠, 차폐효과, 흡음, 차음, 지향성, 소음 경로 변경, 소음전파 분산의 방법이 있다.

수음자 대책으로는 노출시간 관리, 휴게실 설치, 방음실 설치, 청력보호구 지급 및 착용, 사용의 방법, 교육 훈련이 있다.

이러한 작업장 소음관리 방법에 대한 세부 관리 방안은 다음과 같은 방법이 있다.

4.2.1 소음기(Sillencer) 관리

현장에서 사용되는 설비는 대부분이 에어(air) 구동의 설비들이다. 에어 구동의 설비의 경우 공압 회로에 사용되는 솔레노이드 밸브는 공압의 흐름을 제어하기 위해서 사용되는 데 이 부분에 발생하는 에어 소음관리를 위해 소음기를 설치하여 관리해야 한다.

소음기는 영구적인 설비가 아니므로 주기적인 관리를 통하여 노즐이 막힌 부분은 뚫어 주어야 하고 파손된 것은 교체하여 주어야 한다.

그림 4.1 솔레노이드 밸브(Sollenoid Valve)

소음기의 종류는 흡음형 덕트, 팽창형, 간섭형, 공명형 소음기가 있으며 이 들 소음기는 소음을 줄이는 주요 소음기 설계 방식을 말한다. 각각의 방식은 소음을 줄이는 원리와 적용 환경이 다르며, 소음의 주파수 특성, 강도, 사용 목적에 따라 적합한 유형을 선택하여야 한다.

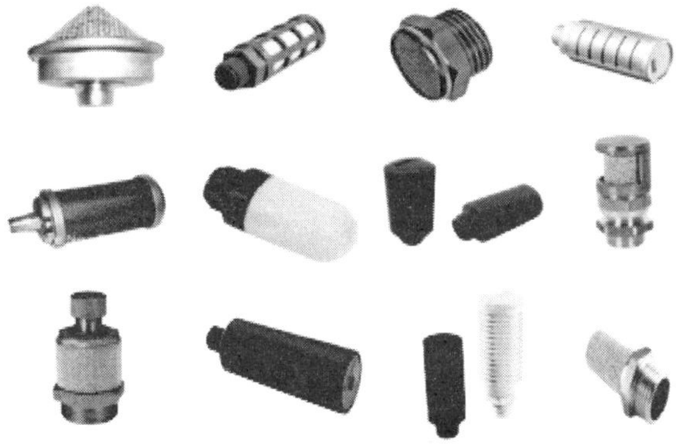

그림 4.2 작업장에서 사용되는 소음기(Sillencer)의 종류

1) 흡음형 덕트 소음기

흡음형 덕트 소음기는 소음을 흡음재를 통해 흡수하여 소리 에너지를 열에너지로 변환시켜 소음을 관리하고 덕트 내부에 흡음재(유리섬유, 미네랄울, 폼 등)를 설치하여 소음을 감소시킨다.

흡음형 덕트 소음기는 고주파 소음 감쇠에 효과적이며 비교적 간단한 구조로 공기 흐름에 대한 저항이 적다. 그리고 설치 및 유지 보수가 용이하다.

흡음형 덕트 소음기는 덕트 내부 벽면에 흡음재를 배치하거나, 덕트 중앙에 음파를 흡수하는 흡음재가 삽입되어 소음을 관리한다.

흡음형 덕트 소음기는 HVAC(Heating Ventilation Air Conditioning) 시스템의 공기 흐름 소음 감소와 송풍기, 터보 기계 등에서의 소음 제어 그리고 건물 환기 시스템에서의 환경 소음 감소의 용도로 주로 사용된다.

2) 팽창형 소음기

팽창형 소음기는 소음이 넓은 공간으로 들어가면서 압력과 속도가 감소하여 소음이 약화되는 원리를 이용한다. 넓은 공간 내부에서 소리 에너지가 분산되고, 일부는 벽면에 흡수됨으로 소음을 관리한다.

팽창형 소음기는 저주파 소음 감소에 효과적이며 설계가 단순하고 다양한 크기와 형태로 제작이 가능하다. 그리고 공기 흐름에 대한 저항이 클 수도 있다.

팽창형 소음기는 입구와 출구가 좁은 관으로 연결된 넓은 공간 형태이다.

챔버 내부에 흡음재를 추가하여 고주파 소음을 감소시키는 것도 가능하다.

팽창형 소음기의 용도로는 산업 배관, 배기 시스템, 발전소 및 공장의 배출 가스 소음 제어 그리고 터빈 및 압축기 배기 소음 감소에 주로 사용된다.

3) 간섭형 소음기

간섭형 소음기는 소음이 소음기 내부에서 반사되고 분리되어 특정 주파수에서 간섭 효과를 일으켜 음파의 상쇄(interference)로 소음 에너지를 감소시킨다.

간섭형 소음기는 저주파 소음 감소에 적합하며 특정 주파수를 타겟팅하여 선택적으로 소음을 줄일 수도 있다. 간섭형 소음기는 구조가 복잡하여 충분한 공간이 필요할 수도 있다.

간섭형 소음기의 구조는 소음기 내부가 여러 구획이나 반사 경로로 설계되고 음파가 경로를 따라 이동하며 반사 및 간섭을 유도한다.

간섭형 소음기는 자동차 배기 시스템, 공장 내 압축기, 펌프의 저주파 소음 감소 그리고 터보 기계의 배출 소음 제어에 주로 사용된다.

4) 공명형 소음기

공명형 소음기는 특정 주파수의 소음을 제거하기 위해 공명 효과를 이용하여 소음기의 공명실에서 특정 주파수의 소음을 상쇄하거나 감쇠시킨다.

공명형 소음기는 특정 주파수를 타겟팅 하는 데 매우 효과적이며 좁은 대역 주파수에서 작동한다. 공명형 소음기는 설계가 정밀하며, 제한된 주파수 대역에서만 효율적으로 사용할 수 있다.

공명형 소음기의 구조는 공명실(공기 기둥이나 챔버)과 연결된 덕트 형태로 공명실의 길이와 크기가 특정 주파수에 맞춰 설계된다.

공명형 소음기는 엔진 배기 소음에서 특정 주파수를 제거하거나 공장 소음 제어(특히 진동으로 인한 공명 소음)에 주로 사용된다.

흡음형 덕트 소음기는 공조 및 HVAC 소음 제어에 적합하며, 간단한 구조로 고주파 소음을 줄인다. 팽창형 소음기는 저주파 소음 감소에 효과적이며, 산업 환경에서 주로 사용된다. 간섭형 소음기는 반사와 간섭 효과를 활용해 특정 주파수 대역의 소음을 줄이는 데 유용하다. 공명형 소음기는 특정 주파수를 제거하거나 음향 조정을 위해 설계된 고정밀 소음기이다.

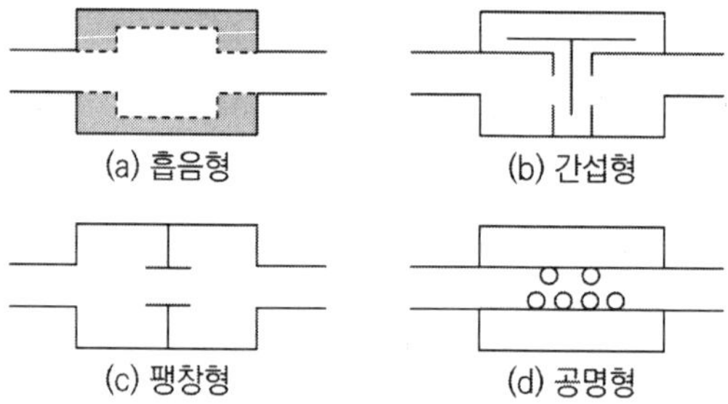

그림 4.3 소음기 종류별 구조

표 4.1 소음기 종류별 특징과 주요 용도

소음기 유형	원리	특징	주요 용도
흡음형 덕트형	흡음재료 소리 에너지 흡수	고주파 소음 감소, 간단한 구조	HVAC 송풍기, 환기시스템
팽창형	확장실에서 소음 분산	저주파 소음 감소, 간단한 설계	산업배관, 발전소, 터빈
간섭형	반사와 간섭으로 소음 상쇄	저주파 소음 감소, 특정 주파수 타겟팅	자동차 배기, 압축기, 펌프
공명형	공명실에서 특정 주파수 소음 제거	좁은 대역 주파수에서 매우 효과적	엔진 배기, 공장소음, 악기 조정

소음기의 사용 시 적정 수명을 고려한 관리가 필요한데 현재 〈그림 4.4〉 처럼 소음기의 머플러 상태를 알 수 있게 하는 기술이 나와 있어 이를 활용한 적정한 사용이 가능하다.

소음기는 소음의 특성과 설치 환경에 따라 적합한 소음기를 선택하여 적용하고 사용하는 것이 중요하다.

정상 위치에 있는 머플러 / 일정한 양의 막힘이 생성된 머플러 / 경고 표시가 머플러 교체 필요성을 알려준다.

그림 4.4 소음기의 설치 및 관리

4.2.2 공구의 사용

현장에서 사용하는 공구는 에어임팩트렌치, 오일펄스 렌치, 전동공구가 있다. 작업성에는 에어임팩트렌치가 제일 좋고 전동공구가 제일 떨어진다. 하지만 그와는 반대로 소음의 발생 정도는 전동공구의 소음 발생이 제일 적고 에어임팩트렌치의 소음 발생이 가장 크다.

그림 4.5 작업장에서 사용되는 공구

4.2.3 문 관리

현장에서 사용하는 문은 제대로 설치하지 않으면 예산만 낭비하는 결과를 가져오기 쉽다. 설비에 설치되어 있는 도어는 돌출형보다는 매립형의 사용이 권장된다.

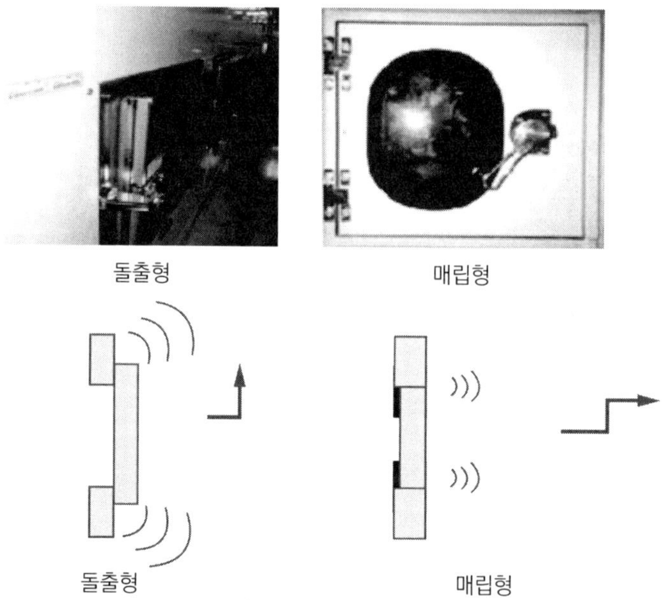

그림 4.6 돌출형과 매립형의 소음의 전파

소음작업장과 현장에 함께 있는 컨트롤 룸의 경우는 컨트롤 룸의 출입문을 이중으로 설치하던지 문의 밀도를 높게 하여 현장의 소음이 작업장으로 들어오는 음을 관리하여 준다.

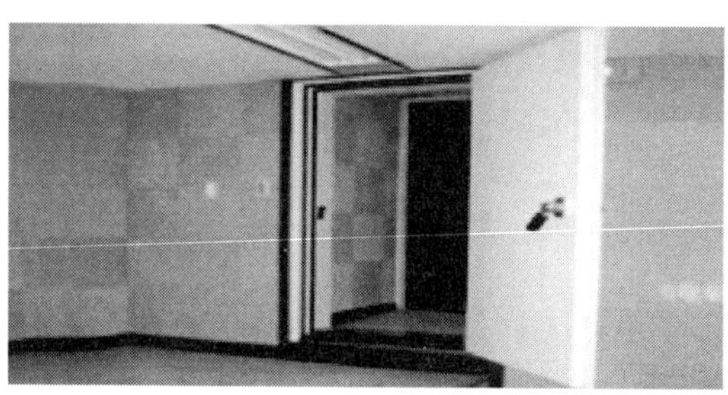

그림 4.7 무향실

4.2.4 음원을 길게 돌려라

발생하는 모든 음원은 수음자에게 노출이 이루어지는데 발생원에서 발생하여 직접 전파되어 노출되는 경우도 있지만 투과와 반사를 거쳐 수음자에게 노출되는 경우도 상당히 많다. 투과의 경우는 투과의 경로를 길게 하면 소음이 줄고 〈그림 4.8〉처럼 음을 인위적으로 돌려 관리할 수 있다면 소음을 감소시킬 수 있다.

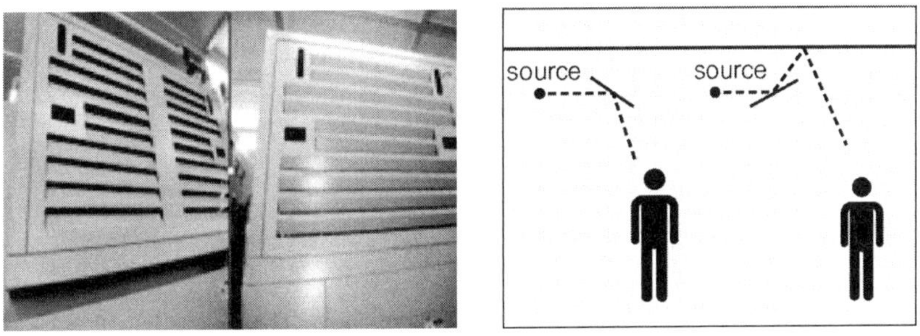

그림 4.8 설비 외벽의 덮개 구조별 소음전파 비교

음의 발생원에서 수음자까지 노출 경로를 가급적 길게 해 주면 거리에 의해 소음이 감소한다.

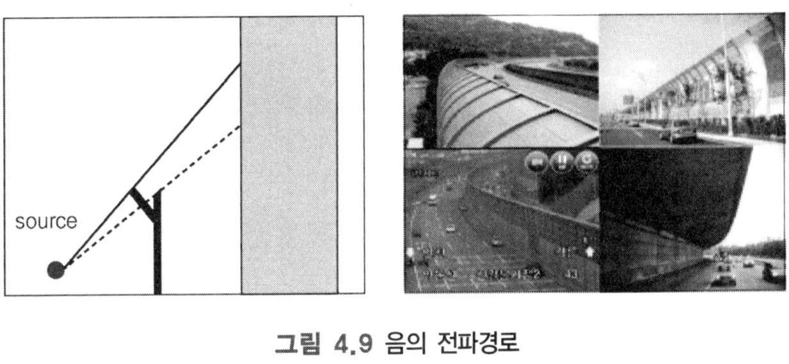

그림 4.9 음의 전파경로

〈그림 4.9〉의 좌측 그림에서 차음벽의 상부가 꺾여 있으면 발생원에서의 소음이 도달하는 지점까지의 거리가 길어짐으로 소음이 감소한다. 우측은 도로에서 발생하는 자동차 소음에 대한 차음벽의 시공 그림인데 도로의 가장자리에 시공하는 것이 일반적인 방법인데 최근에는 도로의 중앙선에 차음벽을 시공하여 소음에 대한 감소 효과를 극대화하고 있다.

4.2.5 작업대의 바닥 재질 선택 및 적용

작업장에서 사용하는 작업대의 바닥의 경우 무슨 재질로 관리하느냐에 따라 소음의 발생정도와 수음자에 대한 노출정도가 다르다.

〈그림 4.10〉에서 볼트와 너트를 만드는 사업장의 좌측 사진처럼 강화 플라스틱을 사용하는 작업대가 있고 우측 사진처럼 매쉬 망을 사용하는 작업대가 있다. 같은 높이에서 제품을 낙하하여 소음을 측정해 보았는데 소음의 발생정도가 무려 12 dB(A)이나 차이가 있다. 볼트가 작업 면에 낙하하여 충돌 시 바닥과 접촉되는 면 재질의 차이와 바닥의 편평함의 정도 차이로 소음의 발생 정도가 차이가 나는 것이다. 스틸 매쉬는 바닥의 상태가 구멍이 뚫려 있어서 바닥과의 충돌 시 하방으로의 반사음이 불규칙적으로 난반사 되는 상황과 일부는 반사시 음이 반사로 상쇄되어 소음이 줄어드는 것이다.

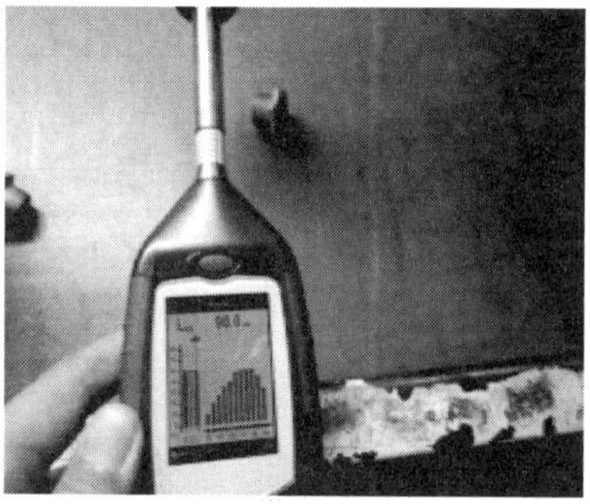

플라스틱판 98 dB

금속매쉬망 후 86 dB

그림 4.10 작업대 바닥 재질에 따른 소음의 발생 정도

4.2.6 압축공기

압축공기는 작업장에서 많은 용도로 압축공기를 이용하고 있고 광범위하게 쓰이고 있다. 현장에서 사용하는 압축공기는 청소(클리닝), 건조(드라이), 냉각, 운반, 분류 등의 작업에서 사용을 하고 있다. 그리고 현장의 여건은 다양한데 현장에서 사용하는 에어건은 대부분 한 종류만을 사용하고 있다. 예를 들면, 무거운 금속 칩을 불어내는 공정에서 더 강력한 분사력을 필요로 한다. 이러한 현장의 여건에 맞추어 필요한 공기압, 분사량, 분사 형태가 고려되어 에어건을 선택하여 사용하여야 한다. 현장에서 압축공기를 사용할 경우 다음과 같은 장점이 있는데 적은 정비 비용과 가열의 위험 없이 오랜 기간 동안 사용 이 가능하고 보관이 용이하며 또한 이송이 용이하다. 그리고 우수한 세척력이 필요한 제조공정에서 손쉽게 사용이 가능하다.

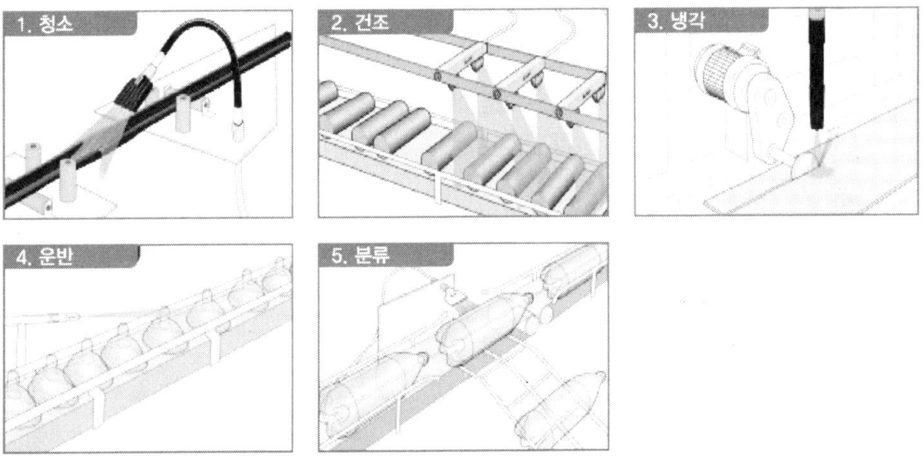

그림 4.11 압축공기의 사용 용도

이렇게 편리한 방법을 가지고 있지만 반면에 일반적으로 압축공기 분사 관련하여 3가지 위험 요소가 있다.

첫째, 공기 색전증, 압축공기가 피부 속으로 분사가 되었을 시 발생한다. 예를 들면, 상처 부위에 압축공기 내의 공기 거품은 정맥 또는 혈관을 통하여 심장에 도달했을 시에는 심장마비와 같은 증상이 발생할 수 있다. 만약 공기 거품이 뇌에 도달했을 때에는 뇌에도 영향을 줄 수 있다.

둘째, 이명증 또는 청력 상실이 발생할 수 있는데 일반적인 에어건들을 사용할 때 위험한 높은 레벨의 소음이 영향을 줄 수 있다.

셋째, 안구손상은 압축공기 사용 시에 발생할 수 있는 사고이다. 먼지나 액체, 작은 이물질 등이 반사되거나 튀어서 작업자의 신체 또는 눈 손상을 일으킬 수도 있다. 그러므로 압축공기, 에어건 제품을 선정하여 사용 시 전문기술을 보유한 회사의 제품 사용이 권장된다.

에어건의 경우 생산 현장에서 상당히 광범위하게 많이 사용된다. 에어건은 단속적으로 고읍압을 발생시키는 원리를 이용하여 작업에 활용된다. 그리고 대부분의 현장에서 에어건에 대한 소음의 발생은 당연히 발생한다고 생각을 많이 한다. 현장에서 사용하는 에어건이 한두 대의 경우는 문제가 없지만 가공 공장처럼 작업장 전반에서 에어건을 사용한다면 결코 간과해서는 안 되는 문제이다. 현장에서 사용하는 에어건은 대부분이 단일 형태의 것을 사용한다. 〈그림 4.12〉처럼 에어건에 소음 컨트롤 기술이 들어간 제품들이 많이 나와 있다. 일반적인 형태보다 이런 에어건을 사용하면 10 dB 이상의 소음저감 효과를 볼 수 있다.

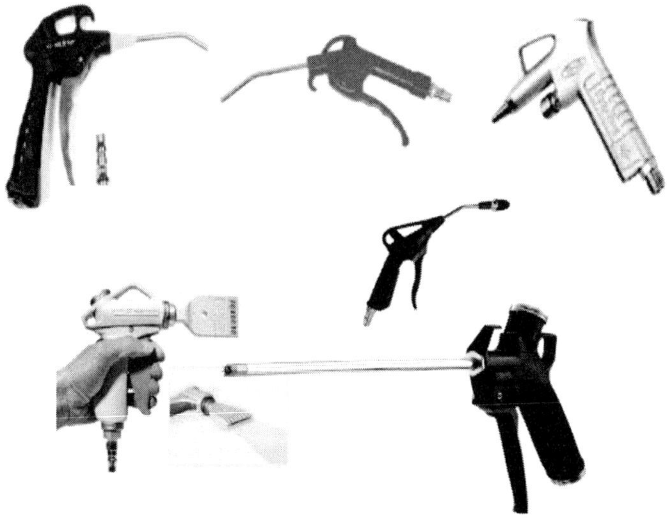

그림 4.12 일반 에어건(위), 소음 제어 기술 적용 에어건(아래)

4.2.7 에어 노즐

작업장에서 설비에 많이 사용하는 것 중의 하나가 에어 노즐이 있다. 에어 노즐의 경우 설비의 일부로 생각한다면 발생하는 소음에 무심할 수밖에 없지만 대부분의 에어 노즐에 대한 소음은 현재의 기술로 컨트롤이 가능하다. 〈그림 4.13〉처럼 난류가 발생하는 노즐을 층류가 발생하는 노즐로 바꾸어 줌으로써 소음을 저감시킬 수 있다.

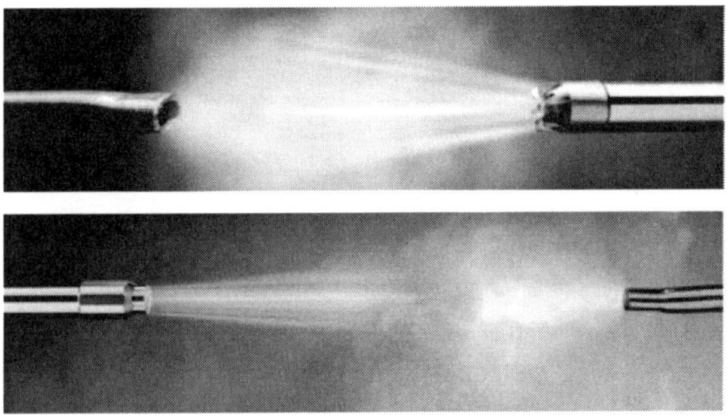

그림 4.13 노즐에서 발생하는 난류와 층류

4.2.8 설비의 높이

작업장에 배치되어 있는 설비들을 보면 소음의 발생원이 근로자들의 귀를 기준으로 귀보다 낮은 경우, 소음의 발생원이 귀 높이 그리고 귀보다 높은 경우가 있다. 소음의 발생원이 근로자들의 귀보다 낮은 경우에는 발생하는 소음이 상방으로 확산 방사되는 구조가 되는데 설비에 덮개를 설치하여 소음의 확산을 억제하여 준다. 소음의 발생원이 귀 높이인 경우는 해당 발생 설비의 소음에 직선으로 옆에서 노출되는 구조가 된다. 그러므로 주위에 가드 같은 것을 보강 설치하여 근로자가 직접적으로 소음에 노출되지 않도록 관리하여준다. 그리고 소음의 발생원이 귀보다 높은 경우는 발생 설비의 주위에 가드 같은 것을 보강 설치하여 근로자에게 직접 노출되지 않고 천장 또는 벽에 반사되는 구조를 갖게 관리한다.

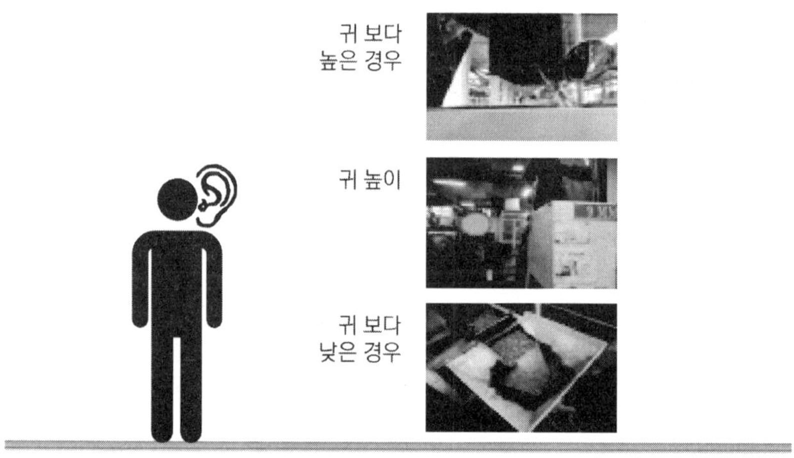

그림 4.14 귀 높이에 따른 발생원의 높이

4.2.9 F = ma와 F = mgh를 이용한 관리

F = ma는 가속도의 법칙이다.

가속도의 법칙에서 F(힘)를 결정짓는 것은 m(무게)과 a(가속도)이다. 이것을 소음에 적용하여 보면 변수는 a(가속도)이다. 그러므로 a(가속도)를 줄여주면 F(힘)가 감소한다. 즉 소음이 감소한다.

예를 들면, 아래의 사진처럼 스핀들의 회전을 이용하여 이송하는 작업에서 오른쪽 끝으로 갈수록 스핀들의 속도를 줄여주면 힘이 감소하는 상태에서 충돌이 이루어지기 때문에 관련 소음의 발생 정도가 감소한다.

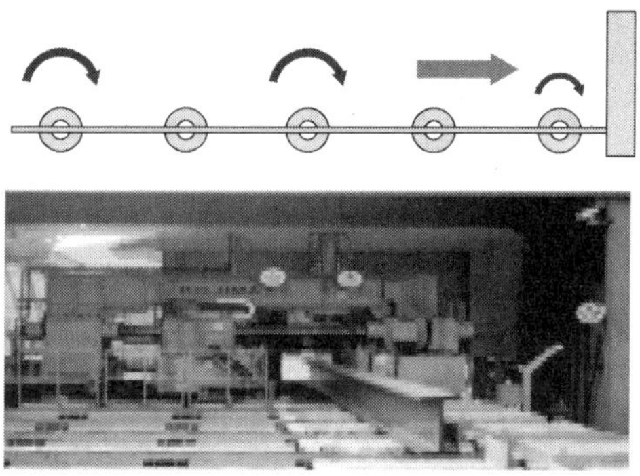

그림 4.15 스핀들을 이용한 철강 이송

F = mgh의 식에서도 m(무게)와 g(중력가속도)는 상수이고 h(낙하거리)가 변수이다. 그러므로 낙하거리를 줄여주면 F(힘)가 감소한다.

예를 들면, 〈그림 4.16〉처럼 박스를 공급해 주는 작업에서 하단 부분에 설치되어 있는 센서를 상단 부분으로 옮겨 설치하면 낙하 거리가 줄어 박스의 충돌음이 줄어들게 관리할 수 있다.

그림 4.16 작업장의 박스 공급

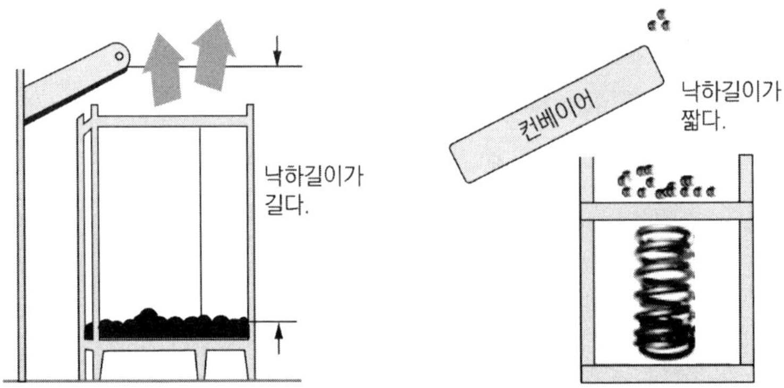

그림 4.17 컨베이어를 이용한 제품 박스 적재

4.2.10 설비의 정상상태 유지, 제품의 선택 사용

설비는 항상 유지 보수를 통하여 정상상태로의 가동이 필요하다. 예를 들면 송풍기의 베어링이 고장 나면 이상소음이 발생한다. 그리고 자동차의 머플러에 구멍이 생기면 이상 소음이 발생한다.

그리고 시중에 나와 있는 제품 중 소음에 대한 옵션을 선택하여 구매하면 적은 소음에 노출이 가능한 제품들이 있다. 예를 들면 보안면 앞의 투명가드를 충분히 넓은 것을 선택하여 귀가 보안면 안쪽으로 위치하게 한 것과 지게차의 경우 운전석이 개방되어 있는 것보다는 폐쇄되어 있는 것 그리고 그라인더의 상부 덮개가 개방된 것보다는 폐쇄된 것이 근로자가 소음에 노출되는 정도가 감소한다.

그림 4.18 소음저감 옵션이 반영된 제품

4.2.11 기계의 방진지지

모든 소음은 보이든 보이지 않든 반드시 진동이 함께 수반이 되어 발생한다. 설비의 경우 진동을 관리하지 않으면 진동의 전파로 건물에 균열이 발생할 수도 있고 근로자들에게도 작업 만족도가 떨어질 수 있는 부분이 있다. 이러한 진동을 관리해 주기 위해 방진재료로 탄성스프링, 고무, 펠트, 코르크, 목재, 톱밥, 공기쿠션, 방진 패드 등을 사용한다.

방진재료로서 갖추어야 하는 조건으로는

① 탄성체로 충분한 탄성을 지녀야 하며 탄성계수가 작고 일정 하중의 진동에 의한 영구 변형현상이 없어야 한다.
② 진동 발생원을 지지하는 것에 충분한 강도가 있어야 한다.
③ 가격이 낮고 입수가 용이해야 한다.

하지만 이런 조건을 전부 구비한 재료는 없으므로 용도에 따라 적정하게 선택해야 한다.

그림 4.19 방진재료

방진재료는 진동을 줄이고, 기계적 충격을 흡수하며, 소음을 제어하기 위해 사용되는 다양한 소재들로 구성된다. 방진재료인 탄성 스프링, 고무, 펠트, 코르크, 목재, 톱밥, 공기쿠션, 방진 패드는 각각 특정 특성과 용도를 가지고 있으며, 방진 설계에서 효과적으로 사용된다.

방진재료의 종류와 특성을 보면 탄성 스프링은 금속 스프링으로 높은 탄성을 제공하며, 반복적인 진동 흡수에 효과적이며 낮은 주파수에서의 진동 제어에 적합하다. 탄성스프링은 내구성이 뛰어나며, 장기간 사용이 가능하고 진동 감쇠 성능이 일정하게 유지된다. 탄성스프링은 주로 중공업 기계, 대형 기계 설비, 엔진 마운트 그리고 건축 구조물(예 : 교량, 고층 건물)에서의 진동 제어에 주로 사용된다.

① 고무는 유연하고 탄성이 뛰어나며, 저주파 및 고주파 진동 모두에 효과적이다. 방진 재료로는 내열성 및 내마모성을 가진 고무(예 : EPDM, 실리콘)가 주로 사용된다. 소형 장비부터 대형 설비까지 넓은 범위에서 사용 가능하고 비교적 소음 감소 효과도 우수하다. 전자기기, 자동차 부품(엔진 마운트, 서스펜션), 소형 기계 방진에 주로 사용된다.

② 펠트는 부드럽고 압축성이 있으며 충격 흡수에 유리하다. 진동 감쇠보다는 충격 흡수와 마찰 방지에 더 효과적이다. 저렴하고 가공이 용이하며 흡수성과 방음 효과도 가지고 있다. 가구 밑면, 소형 장비 그리고 방음 패널 뒷면 충전재 등에 주로 사용된다.

표 4.2 방진재료별 특성, 장점, 용도

재료	특성	장점	주요 용도
탄성스프링	높은 탄성, 반복 사용에 적합	내구성, 일정한 성능	중공업, 건축 구조물
고무	유연성, 저주파 - 고주파 진동 흡수	소음 감소, 넓은 적용 범위	자동차, 전자기기
펠트	압축성, 충격 흡수	저렴, 가공이 용이	가구, 소형 장비
코르크	전면 소재, 경량	친환경, 내습성	바닥재, 전자기기
목재	천연 진동 흡수	저렴, 무게 지지 가능	건축, 기계 기반
톱밥	분산 충격 흡수	재활용 가능, 가벼움	바닥 충전재, 흡음재
공기 쿠션	공기압축 활용	이동성, 가벼움	정밀기계, 의료기기
방진 패드	고무/복합 소재, 다양한 주파수 대응	설치 용이, 비용 효율적	가전제품, 기계 바닥 마운트

③ 코르크는 천연 소재로 경량이며, 진동 흡수 및 소음 감소에 효과적이고 탄성과 내구

성이 우수하고 압축 후 복원력도 뛰어난 편이다. 친환경적이고 내습성 및 내열성을 가지고 있다. 비교적 가공이 용이하고 디자인 적용이 쉬운 편이다. 건축 자재(방진 바닥재)와 전자기기 및 소형 장비의 진동 흡수재로 주로 사용된다.

④ 목재는 천연 진동 흡수 특성을 가지고 있으며, 특히 낮은 진동 감쇠에 효과적으로 사용이 가능하다. 경도(예 : 단단한 목재 vs 부드러운 목재)가 다르기 때문에 목적에 맞게 선택적으로 사용한다. 저렴하고 쉽게 가공이 가능하며 중량을 지지하면서 진동을 흡수할 수 있다.

⑤ 톱밥은 분산된 재료로 충격과 진동을 흡수한다. 그리고 흡음 효과가 있어 소음 제어에도 사용이 가능하다. 저렴하고 재활용이 가능하고 무게가 가벼워 설치 및 사용이 용이하며 바닥 충전재로 주로 사용된다.

⑥ 공기 쿠션은 공기를 채운 쿠션으로 충격 흡수와 진동 제어에 효과적이며 공기의 압축성을 활용하여 진동을 흡수하는 데 사용한다. 다양한 크기와 압력으로 조정하여 사용이 가능하고 가벼운 무게와 필요한 곳으로 이동하여 사용하는 데에도 용이하다. 정밀 기계 장비, 의료 기기와 자동차 시트에 방진재료로 주로 사용된다.

⑦ 방진패드는 고무, 합성 폴리머 또는 복합 소재로 제작되어 다양한 진동 주파수에서 효과적으로 사용할 수 있다. 슬립 방지 기능이 있어 고정된 상태에서 안정적인 방진 성능을 제공한다. 설치가 쉽고 비용이 적게 든다. 소음 제어 및 기계 안정성에도 성능이 탁월하다. 기계 바닥 마운트와 가전제품(냉장고, 세탁기) 하단 방진에 주로 사용된다.

방진재료는 각기 다른 특성과 용도를 가지며, 설계 요구사항에 맞춰 조합하여 사용할 수 있다. 적절한 재료를 선택하면 진동과 소음을 효과적으로 제어할 수 있다.

4.2.12 흡음재

흡음은 재료 표면에 입사하는 음에너지가 마찰저항, 진동 등에 의해 열에너지로 바뀌는 현상을 말한다. 흡음 성능이 높은 재료 또는 음을 흡수시킬 목적으로 사용하는 재료를 흡음재라 한다. 흡음 성능은 주파수에 따라 현저하게 달라진다. 또한 흡음재가 설치된 위치, 표면 마감의 상태, 두께 및 밀도 등에 따라서 흡음 성능이 변화하고 같은 흡음재료라도 두께, 밀도, 설치 방법, 기타재료나 공기층의 구성 방법 및 표면 마감처리 등에 따라서도 흡음 성능은 변화하므로 적절한 흡음재를 사용하여야 한다. 음에너지의 일부는 구멍 속에서 공기의 점성 마찰에 의해 흡음되고 또 구멍 속의 공기와 벽과의 열전도에 따른 열손실, 구멍을 구성하는 작은 섬유, 골재 등의 진동에 따라서도 음의 감쇠가 증가하는 원리이다.

그러므로 흡음재는 해당 공정의 작업 특성과 소음의 발생형태를 파악하여 선택적으로 적용되어야 한다.

흡음재는 재료 표면에 부딪히는 소리에너지의 일부를 흡수하여 반사음을 줄이므로 소음이 많이 발생하는 장소에 사용하면 방음 및 흡음 효과를 나타낸다. 또 진동에 의한 먼지나 이물질 발생이 없고 방수가 되며 불에 잘 타지 않아 화재 발생의 위험이 없으므로 실내건축의 마감재로 많이 쓰인다.

이에 비해 차음재는 소리를 차단하여 투과음을 줄이는 것으로, 흡음재가 다공질·섬유질인 데 비해 차음재는 재질이 단단하고 무거운 것이 특징이다.

그림 4.20 각종 흡음재료

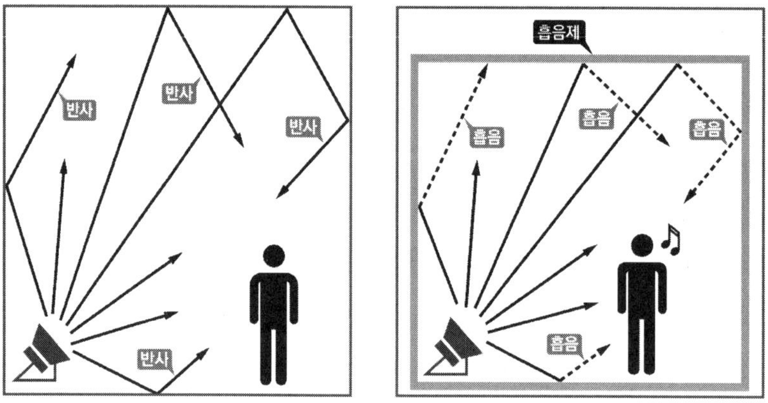

흡음재 미적용 시 흡음재 적용 시

그림 4.21 흡음 에너지의 흐름

흡음재는 구조에 따라 다공질 흡음재와 판상 흡음재로 나뉜다. 다공질 흡음재는 표면과 내부에 작은 기포 또는 가는 관 모양의 구멍이 많이 있는데, 이 구멍 속의 공기가 음파에 의해 진동하고 이때 생긴 마찰 때문에 소리에너지가 열에너지로 바뀌어 흡수된다. 흡음 성능은 다공질의 정도와 재료의 두께에 따라 달라진다. 방송국 스튜디오나 홀에 많이 쓰인다.

판상 흡음재는 음파가 판을 진동시키면서 소리에너지를 소모하게 하여 흡음 효과를 얻는 구조이다. 저음 부분의 흡음 성능은 우수한 반면, 중·고음 부분의 흡음 성능이 떨어지는 것이 단점이다. 사용되는 재료로는 베니어판, 석고판, 섬유판, 석면판 등이 있다.

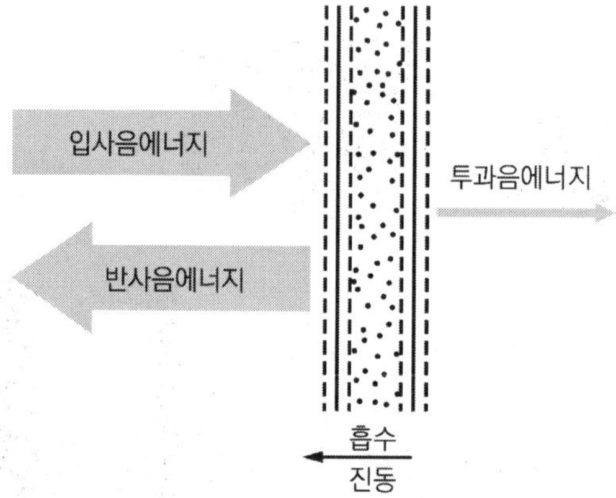

그림 4.22 음의 반사, 흡수, 투과

1) 흡음계획

흡음재료의 성능을 보다 효율적으로 발휘시키기 위해서는 그 흡음재료와 특성을 바르게 이해하고, 그 목적에 따라 정확한 설계를 함과 동시에 그 설계에 대해서 충실한 시공이 요구된다. 일반적인 실내 공간에서는 바닥과 벽 등 경질 평활 면과 유리창 등과 같은 반사성이 강한 부분이 있어 그 면에 따라서 불필요한 음이 확산된다. 또한 실내에는 카펫, 의자, 실내의 사람 등 어느 정도 흡음 효과를 갖는 것도 있으므로 그 특성을 포함하여 전체적인 흡음 효과를 고려하여야 한다. 설계에서는 적절한 재료의 선택과 반사음의 확산에 유효하게, 작은 면적으로 나누는 방법과 흡음 마감 부위를 음압이 큰 실의 모서리와 천장 주변 등에 배치하는 것이 바람직하다. 흡음재는 그 표면에 따라서 음의 반사를 적게 하지만 내면의 투과를 차단하는 효과는 없기 때문에 흡음재료만으로 음원을 에워싼다고 하더라도 그 외측의 방사는 막을 수 없다. 그러므로 이 경우에는 반드시 차음 재료와 조합시켜 사용하여야만 방음 효과를 거둘 수 있다. 이상의 흡음 계획의 흐름을 정리하면 〈그림 4.23〉과 같다.

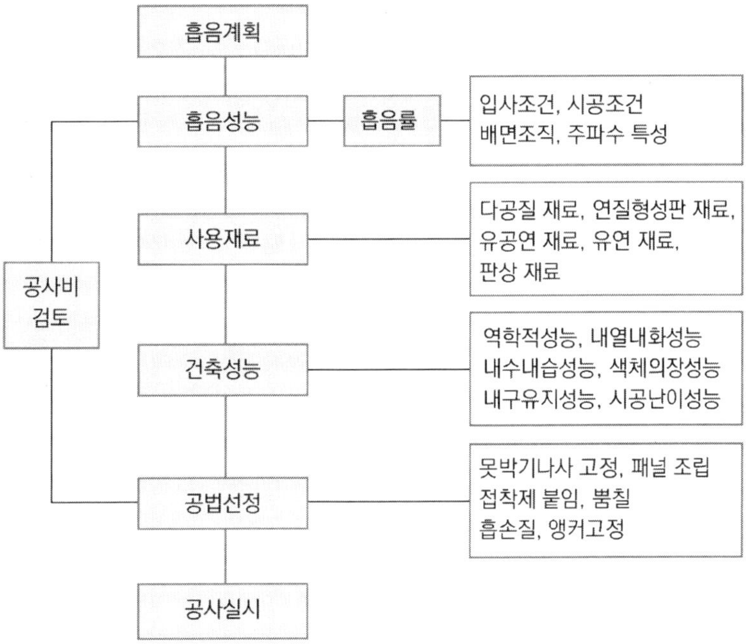

그림 4.23 흡음계획

(1) 흡음재료의 선정

흡음재료의 시공에 있어서는 시공 면과 재료의 조합, 시공 정도(배후 공기층 표면 마감 등) 경제성, 의장성, 내구성 및 보수 5가지 면에서 주의가 요구된다.

(2) 흡음재료의 종류와 특성

① 다공질 재료

㉠ 재료구조 : 가는 섬유로 구성된 것으로서 다수의 작은 공극을 지니고 있음

㉡ 종류 : Glasswool, Rockwool 등 무기질섬유가 중심(광물면, 식물 섬유류, 발포 플라스틱)

㉢ 특성 : 재료의 두께, 재료 내의 틈새 및 통기성, 배후 공기층의 유무

- 중고주파수에서 흡음률이 높지만 저주파수에서 급격히 저하
- 재료의 두께나 공기층 증가로 저주파수의 흡음률 증가
- 표면이 다른 재료에 의해 피복하면 중고주파수의 흡음률 저하

㉣ 다공질재료의 사용 시 유의점

- 공간의 사용 목적에 따라 적절한 재료를 사용할 것
  - 특히 작은 공간 또는 음의 초점을 갖는 공간의 경우, 회의나 아나운스 부스로 사용할 경우 음성의 주파수 대역 중 100~125 Hz(250~500 Hz) 부근의 흡음이 적음으로, 음이 분명하지 않고 개운치 않은 음장이 된다.
- 수분 흡수에 주의
  - 여름 등 현장의 습도가 높을 경우 고주파수에서의 흡음특성이 저하하므로 주의(곰팡이 발생, 제품의 이미지 손상, 결로에 의한 단열효과도 저하)
- 물리적 충격이 없도록 주의
  - 물리적 충격이 가해지는 장소에는 다공질재료를 보호
  - 구조체에 목재나 금속성 슬리트를 시공 또는 유공 보드를 시공(이때 흡음특성의 변화와 파손에 주의)
- 공기 중에 비산 방지

- 고온에 의한 변형에 주의
- 주파수가 높을수록(중고음역) 흡음률은 높아져 일정 주파수 이상에서는 거의 일정함
- 일반적으로 두께를 늘리면 흡음률은 높아지나 같은 두께일 경우에는 밀도가 높을수록 효과가 큼
- 배후 공기층은 중저음역의 흡음 성능에 유효함
- 표면 마감처리 방법에 의해 흡음특성이 변함

ⓜ 다공질재료의 시공 시 유의점

- 재료 표면의 공극을 막는 표면마감을 하지 말 것
- 뿜칠재료는 두께나 흙손질에 주의
- 부착 방법, 배후 공기층 등에 대한 현장 감리는 꼼꼼하게 수행

② 판(막) 재료

㉠ 재료구조 : 섬유를 원료로 하여 판상으로 성형한 것으로 다수의 공극을 지니고 있음

㉡ 종류 : 합판, 섬유판, 석고보드, 석면슬레이트, 플래스틱판, 비닐레자(건축용 보드류, 금속판)

㉢ 특성 : 판의 밀도, 강성, 배후 공기층의 두께

- 보드류는 공진주파수 100～200 Hz 범위로 저음역 흡음재 : 판상재료는 홀의 저음역의 잔향조정용 흡음재료로 사용
- 막상재료는 공진주파수(배후 공기층, 부착장력) 200～1,000 Hz 범위
- 흡음률은 저음역에서 0.2～0.5, 고음역에서 10% 내외 : 반사판 구실
- 흡음판은 막 진동하기 쉬운 얇은 것일수록 흡음률이 높고, 기밀하게 접착하기보다 못으로 고정하는 경우가 진동하기 쉬워 흡음률 높아짐
- 주파수가 높을수록(중고음역) 흡음률이 높음
- 배후 공기층은 흡음 성능에 유효함
- 석고보드 등이 바탕재로 사용될 때에는 배후 공기층의 효과는 없음

- 재질이 단단할수록 흡음률은 낮고 특성은 평탄해짐

㉣ 판(막) 재료의 사용 시 유의점

- 수분 흡수에 주의
- 녹음스튜디오 등의 음향설계 시 음질에 주의
  - 동일한 음성대역에서 공명에 따른 재방사음이 남아, 80~125 Hz에서 불분명한 음질이 발생 가능 : 흡음에 대한 기대의 부작용
  - 재료의 질량을 증가시켜 진동하기 어렵게 처리

㉤ 판(막)재료의 시공 시 유의점

- 표면은 가공제품 그대로 사용하고 지정한 것 이외의 도장은 하지 말 것
- 부착 방법, 배후 공기층 등에 대한 현장 감리는 꼼꼼하게 수행

③ 유공판 재료

㉠ 재료구조 : 섬유를 원료로 하여 판상으로 성형한 것으로 다수의 공극을 지니고 있음

㉡ 종류

- 합판, 석고보드 등 건축용 보드류에 관통구를 만든 것
- 알루미늄판, 강판 등 두께 1 mm 정도 금속판에 관통구를 만든 것

㉢ 특성 : 재질은 거의 관계하지 않음. 반드시 배후 공기층을 둔 구성으로. 유공판 배후에 글래스울, 락울 등 다공질재료 삽입이 기본구조

㉣ 공명기형 흡음구조의 일종

- 공명주파수를 중심으로 한 산형의 흡음특성
- 유공판 배후의 다공질재료 종류에 의해 흡음률 변화
- 다공질재료는 유공판 직후에 둔 경우가 먼 경우보다 흡음률이 높음
- 개구율이 작으면 공명흡수로 특정주파수의 흡음이 탁월하고, 개구율이 크면 흡음특성은 평탄하고 배후 다공질재의 흡음특성에 가까워짐
- 다만, 개구율이 크면 강도가 약하고 깨지기 쉬워 시공성에 문제
- 일반적으로 낮은 주파수(중저음역)의 흡음에 유효

- 판의 두께, 구멍 크기와 간격, 배후조건에 따라 특성이 달라지고 유효 주파수역이 변화함
- 배후공기층을 크게 하면 흡음주파수역이 넓어짐
- 배후공기층에 흡음재를 넣으면 흡음률이 높아짐

㉤ 유공판 재료의 사용 시 유의점

- 깨지기 쉬우므로 슬리트 등에 의한 보강과 보호
- 대형공간의 경우 플러터에코 발생 주의 : 대향 평행면 방지, 균형 배치
- 공조관계에서 먼지 등에 의한 구멍지름의 변형 발생 가능
  - 표면에 폴리에틸렌필름과 비닐 필름을 붙여 공기 흐름 억제

㉥ 유공판 재료의 시공 시 유의점

- 표면 도장은 자유로우나 구멍이 막히지 않도록 해야 하며, 지정한 뼈대구조나 배후구조를 준수할 것

종류	예시	흡음 특성	주요 재료	비고
다공질 재료	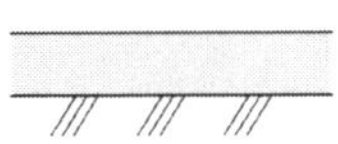	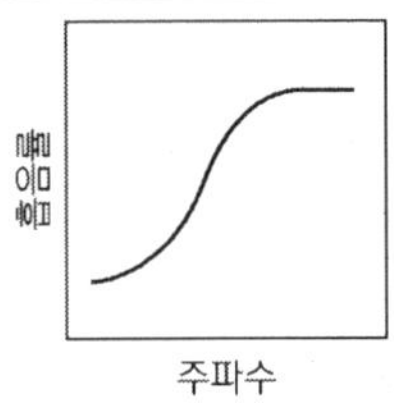	암면, 유리면, 목모 시멘트판, 목편 시멘트판, 경량 콘크리트 블록, 펠트, 연질 우레탄 폼, 커튼, 카펫, 연질 섬유판, 암면 흡음판 등	• 두께 • 밀도 • 표면처리 • 배후 공기층
판상 재료	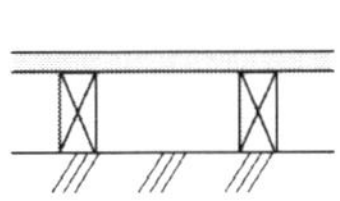	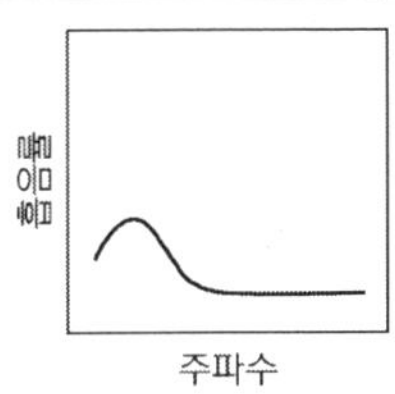	합판, 석고보드, 석면 시멘트판, 파티클 보드 등	• 판 두께 • 면 밀도 • 배후 공기층 • 바탕 재료
유공판 재료	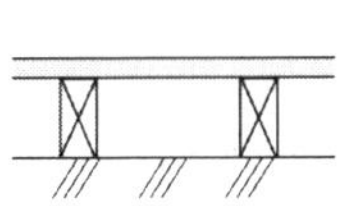	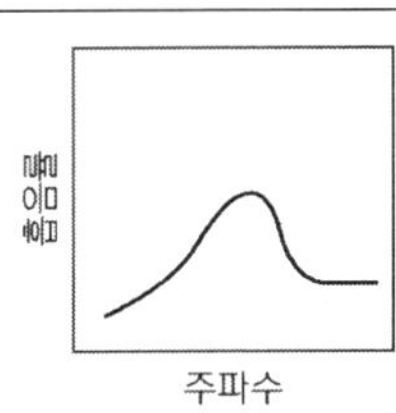	구멍 뚫린 합판, 구멍 뚫린 석고보드, 구멍 뚫린 석면 시멘트판, 구멍 뚫린 알루미늄판, 구멍 뚫린 규산 칼슘판	• 판 두께 • 구멍 치수 • 배후 공기층 • 바탕 재료

그림 4.24 흡음재 종류별 비교

④ 폴리에스터 흡음재

㉠ 폴리에스터 Fiber를 소재로 한 방음으로 단열재인 폴리에스터 폼은 유리면, 암면 등을 대체하기 위해 개발된 Felt로 인체에 무해한 환경 친화적 신소재이며, 소음 방지 및 단열효과가 뛰어나고, 인체에 무해하며, 자체 난연성이 우수하고, 공기 중 장시간 노출에서 노화나 풍화되지 않으며, 인장강도와 결합력이 우수한 신소재 방음 자재이다.

㉡ 이중 폴리보드 : 단면 위에 압축률이 높은 딱딱한 폴리에스터가 겹으로 형성되어 단면의 마감과 설치 후 우는 현상 및 변형 방지, 흡음률의 뛰어난 상승효과를 위해 특수 제작된 폴리에스터 폼이다.

㉢ 음악당, 피아노실, 연주실 등의 건물의 흡음 마감재로 주로 사용되며, 사무실, 특장차, 공장, 컨테이너, 광학기기, 콤프레셔, 펌프실, 광학기기 등 모든 산업체까지 널리 사용되고 있다.

폴리에스터 폼　　폴리에스터 + 페브릭

그림 4.25 폴리에스터 흡음재

⑤ 압축(아트)보드 흡음재

㉠ 폴리에스터 Fiber를 소재로 한 방음으로, 단열재인 폴리에스터 폼을 압축하여 보드 형태로 만든 섬유 합판으로 뛰어난 흡음 특성과 단열 특성을 가지며, 다양한 색상으로 여러 가지 디자인을 연출할 수 있는 흡음, 단열, 마감재이다.

㉡ 음악당, 피아노실, 연주실 등의 건물의 흡음 마감재로 주로 사용한다.

그림 4.26 압축(아트) 보드 사용 예

4.2.13 차음재(Soundproofing Material)

차음재는 소음이 한 공간에서 다른 공간으로 전달되는 것을 차단하는 데 사용되는 재료이다. 차음재는 소리의 에너지를 차단하거나 반사시키는 역할을 하며, 건축, 차량, 산업, 가전제품 등 다양한 분야에서 사용된다.

1) 차음재의 원리

① 차음재는 소리의 전달을 막기 위해 질량법칙, 감쇠, 밀폐 원리를 활용한다.
② 질량 법칙 : 무거운 재료일수록 소음 차단 성능이 높다.
③ 감쇠 : 소리를 흡수하거나 반사하여 에너지를 소멸시킨다.
④ 밀폐 : 틈새를 차단하여 공기 중 소리 전달을 방지한다.

2) 차음재의 종류

(1) 고밀도 차음재(High-Density Materials)

① 고밀도 차음재는 소리의 전달을 물리적으로 막고 높은 밀도로 인해 소음 차단 효과가 뛰어나다.
② 고밀도 차음재의 소재는 콘크리트, 석고보드, MDF(Medium Density Fiberboard, 중밀도 섬유판), 금속판, 방진 패널을 사용한다.
③ 고밀도 차음재는 벽체, 천장 그리고 바닥 구조물에 주로 사용된다.

(2) 폼 차음재(Foam Soundproofing Materials)

① 폼 차음재는 다공성 구조로 소음을 흡수하거나 분산시키고 고주파 소음 차단에 효과적이다.
② 폼 차음재의 소재는 폴리우레탄 폼, 멜라민 폼을 사용한다.
③ 폼 차음재는 HVAC 시스템, 차량, 녹음실에 사용된다.

(3) 방진 매트 및 패널(Vibration Damping Mats and Panels)

① 방진 매트 및 패널은 진동과 소음을 동시에 줄이고 진동에서 발생하는 소음을 차단한다.
② 방진 매트 및 패널의 소재는 고무, PVC 그리고 비스코엘라스틱 소재가 사용된다.
③ 방진 매트 및 패널은 기계, 가전제품, 차량에 사용된다.

(4) 복합 차음재(Composite Materials)

① 복합 차음재는 흡음재와 차음재를 결합한 형태로 넓은 주파수 대역에서 소음 차단이 가능하다.
② 복합 차음재의 소재는 고밀도 폼과 고무, 유리섬유와 금속을 사용한다.
③ 복합 차음재는 공장, 발전소 그리고 고급 건축에 사용된다.

(5) 방음 커튼(Acoustic Curtains)

① 방음 커튼은 유연한 소재로 소음 차단과 흡음을 동시에 수행하며 설치가 간편하고 이동이 가능하다.
② 방음 커튼의 소재로는 두꺼운 직물과 비닐이 주로 사용된다.
③ 방음 커튼은ㄹ 창문, 문, 임시 방음벽에 주로 사용된다.

(6) 차음 테이프 및 밀폐재(Sealing Tapes and Sealants)

① 차음 테이프 및 밀폐재는 틈새로 들어오는 공기 중 소음을 차단한다.
② 차음 테이프 및 밀폐재의 소재는 실리콘, 폴리우레탄이 사용된다.
③ 용도는 문, 창문, 배관 주변에 주로 사용한다.

3) 차음재의 응용 분야

차음재는 건축, 차량, 산업, 가정 그리고 전문 음향 분야에서 사용된다.

(1) 건축

① 벽체, 천장, 바닥의 소음 차단

② 창문과 문 주변 틈새 차단

(2) 차량

① 엔진 소음, 바닥에서 올라오는 소음을 줄이기 위해 사용

② 문 내부 및 대시보드에 설치

(3) 산업

① 기계 소음, 공장 내부 소음을 차단

② 발전소, 터빈, HVAC 시스템 방음

(4) 가정용

① 홈시어터, 음악실, 거실의 소음 차단

② 창문 및 문 주변의 소음 차단

(5) 전문 음향

① 녹음실, 스튜디오, 극장의 방음

② 스피커와 음향 장비에서 발생하는 소음 제어

4) 차음재의 설치 방법

차음재를 설치할 때에는 차음재를 부착할 표면을 청소하고 매끄럽게 정리한 후 접착제, 나사 또는 클립을 사용하여 설치한다.

틈새는 실리콘 밀폐재나 테이프로 틈새를 차단하여 밀폐시켜 준다.

차음재 설치 후 소음 차단 효과를 측정하고, 필요한 경우 추가 작업을 수행한다.

5) 흡음재와 차음재의 차이

흡음재와 차음재는 다음과 같은 차이가 있다.

표 4.3 차음재와 흡음재 비교

특징	차음재	흡음재
목적	소음 전달 차단	소음 반사 감소
원리	밀폐, 반사	흡수, 에너지 전환
소재	고밀도 소재	다공성 또는 섬유 구조
주요 용도	방음벽, 바닥, 천장	녹음실, 극장, 소음제어 공간

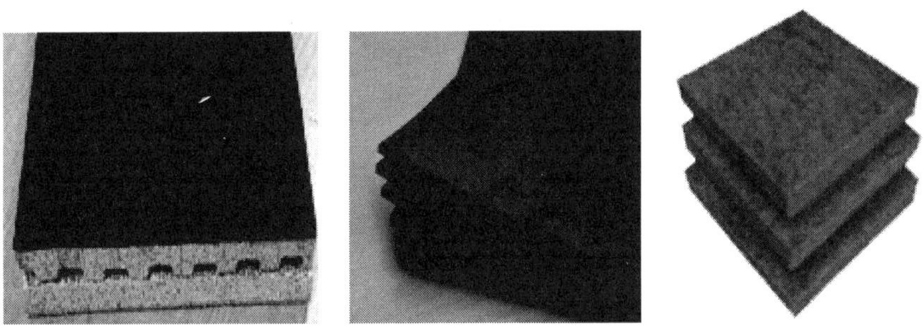

그림 4.27 차음재

4.2.14 전원 주파수 관리

송풍기 모터에서 전원의 주파수와 회전속도(RPM) 간의 관계는 매우 중요한 개념이다. 이 관계는 주로 모터의 종류에 따라 다르지만, 대부분의 경우 교류(AC) 전동기를 사용할 때는 주파수와 회전속도 사이에 직접적인 관계가 있다.

AC모터에서 회전속도(RPM)는 전원 주파수(f)와 모터의 극수(p) 간의 관계로 결정된다.

이 관계는

$$RPM = (120 \times f) / p$$

여기서, RPM : 회전속도(분당 회전수)

f : 전원 주파수(Hz)

p : 모터의 극수(극쌍수)

6극 모터(p = 6)의 경우,

전원 주파수가 50 Hz인 경우 : RPM = 120 × 50/6 = 1,000 RPM

전원 주파수가 60 Hz인 경우 : RPM = 120 × 60/6 = 1,200 RPM

4극 모터 (p = 4)의 경우,

전원 주파수가 50 Hz인 경우 : RPM = 120 × 50/4 = 1,500 RPM

전원 주파수가 60 Hz인 경우 : RPM = 120 × 60/4 = 1,800 RPM

주파수와 회전속도의 관계,

① 주파수가 높아지면 회전속도도 증가 : 주파수(f)가 증가하면 회전속도(rpm)도 증가한다. 이는 전원 주파수가 증가할수록 모터가 더 빨리 회전하게 되기 때문이다.

② 극수가 증가하면 회전속도는 감소 : 모터의 극수(p)가 증가하면 회전속도(rpm)는 감소한다. 극수가 많을수록 전기 신호가 모터 내부에서 한 바퀴를 도는 데 필요한 시간이 길어지기 때문이다.

1) 주파수 변환기(인버터)의 사용

많은 현대적 시스템에서는 인버터를 사용하여 전원 주파수를 조절함으로써 모터의 회전속도를 자유롭게 제어할 수 있다. 이를 통해 주파수를 낮추면 회전속도를 줄이고, 주파수를 높이면 회전속도를 높일 수 있다. 인버터는 에너지 효율을 높이고 다양한 작업 요구사항에 맞게 모터 속도를 조정하는 데 매우 유용하다.

전원 주파수(f)가 높아지면 모터의 회전속도(rpm)도 증가하며, 극수(p)가 많아질수록 회전속도는 감소한다.

이 관계는 주파수 변환기(인버터)를 사용하여 모터 속도를 제어하는 데 활용된다.

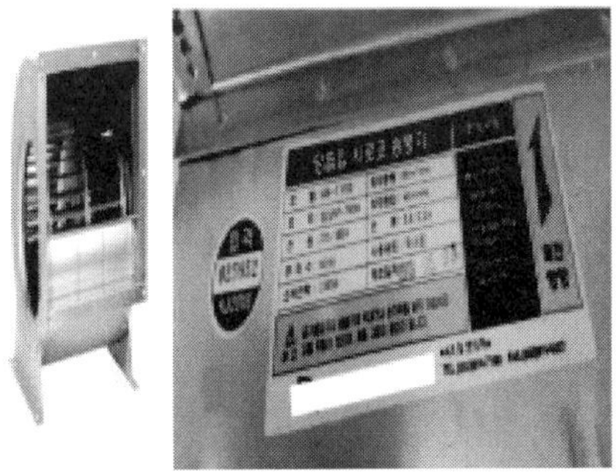

전원			회전속도
Phase	V	Hz	RPM
∮ 1	220	60 Hz	1,160
∮ 3	220		1,180
	380		
∮ 1	220	50 Hz	980
∮ 1	220		995
	380		

그림 4.28 송풍기 명판과 송풍기 사양

송풍기 모터의 회전속도가 1,160 rpm에서 980 rpm으로 떨어질 때, 소음이 얼마나 감소할지를 예상하려면 몇 가지 기본적인 소음 이론과 관계를 이해하는 것이 필요하다.

2) 소음과 회전속도 간의 관계

회전기계에서 소음의 크기는 일반적으로 회전속도에 비례한다. 일반적으로 다음과 같은 관계로 소음을 추정할 수 있다.

소음 변화(dB) = 50 × log10(새로운 속도/기존 속도)

3) 소음과 회전속도 간의 관계

기존 회전속도 : 1,160 rpm, 새로운 회전속도 : 980 rpm

이를 공식에 적용하면

$$\text{소음 변화(dB)} = 50 \times \log10(980/1{,}160) = 50 \times \log10(0.8448)$$
$$= 50 \times (-0.073) = -3.65\ \text{dB}$$

회전속도가 1,160 rpm에서 980 rpm으로 감소할 때, 소음이 약 3.65 dB 정도 감소함을 나타낸다.

4.2.15 에어 쉴드

쉴드를 사용하는 목적은 두 가지이다.

에어 분사 시에 토출된 에어로 인한 파티클 또는 칩에 의한 부상을 방지하는 데 있고 소음을 차단하는 데에도 그 역할을 할 수 있다.

이 중 에어 쉴드는 소음의 발생원 중 에어건 등을 이용하여 브로윙 하는 공정의 관리에 필요한 방법이다. 에어를 이용하여 브로윙 하는 과정에서 토출부에서 발생하는 토출음과 토출음이 해당 설비 또는 부품과 충돌하여 발생하는 소음을 콘트롤하는 방법으로 쉴드를 이용한 방법이 있는데 이 경우 발생하는 음으로부터 근로자의 청력을 효과적으로 보호하려면 쉴드를 토출부에 최대한 근접하여 설치하는 것이 좋다.

그림 4.29 에어 쉴드

4.2.16 접촉면적의 최소화

접촉 면적을 최소화하면 해당 발생원에서 발생하는 소음이 줄어든다.

사례를 보면, 송풍기의 팬벨트를 한 가닥으로 해주는 것보다 여러 가닥으로 관리하여 주면 송풍기의 벨트 가동음이 줄어든다.

그림 4.30 송풍기 모터 팬벨트

4.2.17 컨트롤 룸 활용

현장의 설비에 대한 제어시설을 한 군데에 모아서 관리함으로 작업장에서 발생하는 소음에 근로자가 노출하지 않는 방식이다.

그리고 제한적이지만 최근에는 CCTV의 보급과 활용이 점차 커져 산업현장에서도 많은 활용이 가능하다.

예를 들면, 현장의 설비를 관리하는 근로자가 관리 포인트를 설정하여 그 지점에 CCTV를 설치하여 컨트롤 룸에서 모니터를 이용하여 관리하고 에러가 발생하면 현장으로 나가서 설비를 관리하는 방식을 말한다.

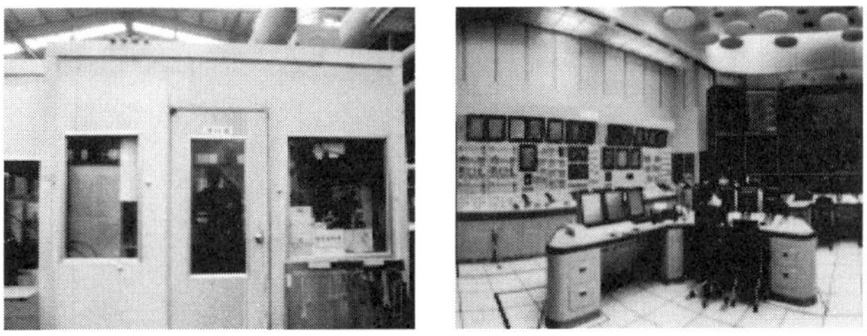

그림 4.31 컨트롤 룸

4.2.18 에어커튼

에어커튼의 기류를 이용하여서도 소음의 관리가 가능하다. 에어커튼은 공간분리를 통하여 관리하는 기법이다. 에어커튼에서 나오는 기류를 이용한 소음관리인데 이 방법은 해당 작업자가 작업공간에 있지 않아야 한다. 분리된 자동공정에서 발생하는 소음을 해당 작업자가 외부에서 해당 공정을 관리 시에 외부에서 소음 환경과 구분되도록 하는데 기류를 이용하는 방법이다. 이 방법의 적용 시 기류 발생 설비는 반드시 소음 공간에 위치해야 하며 적절한 유속의 기류를 발생시켜 해당 공정의 소음이 작업공간 밖으로 나가지 않도록 관리해야 하고 기류의 방향이 소음작업장 쪽으로 완만하게 진행되어야 효과적이다.

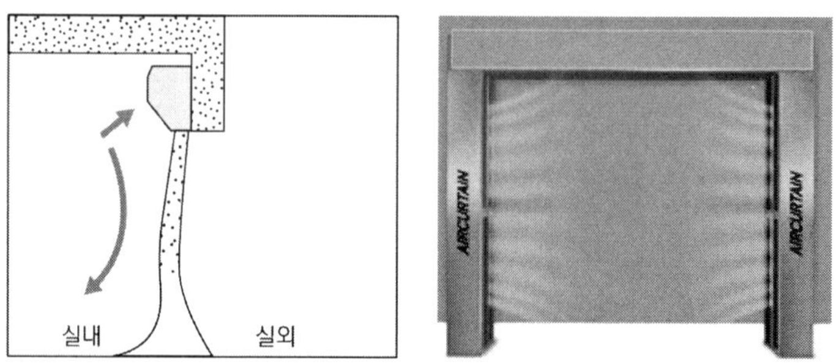

그림 4.32 에어 커튼

4.2.19 소음원 밀폐 관리

작업 현장에서 사용하는 생산 설비 중 소음이 발생하는 설비는 밀폐 관리를 하든지 작업자가 위치하지 않는 방향으로 소음을 지향시켜 주는 관리 방법이 있다. 밀폐 시 고려해야 하는 사항으로는 소음 발생 설비가 열을 발생하는 설비인지 파악하여 열이 발생한다면 열 배출구를 설치하여야 한다.

그림 4.33 소음 발생 설비 밀폐

4.2.20 흡음 덕트

흡음 덕트는 공조 시스템(HVAC)이나 배기 시스템에서 발생하는 공기 흐름의 소음을 줄이기 위해 설계된 덕트이다.

흡음 덕트는 내부에 흡음재를 배치하여 소리를 흡수하고 반사를 최소화하여 소음이 외부로 전달되지 않도록 한다.

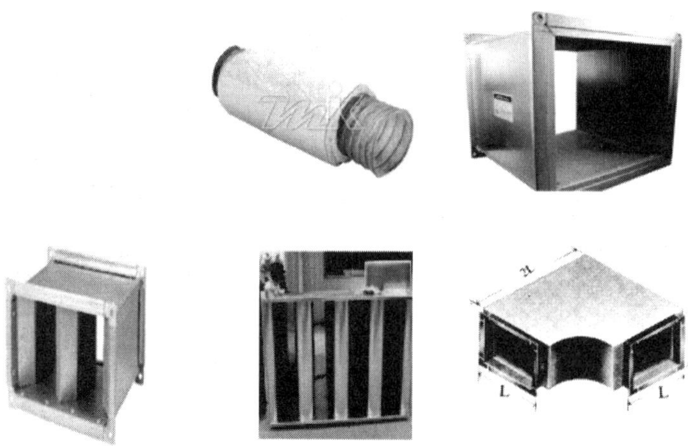

그림 4.34 흡음덕트

흡음 덕트의 주요 기능

① 소음 감쇠 : 덕트를 통해 전달되는 공기 흐름에 포함된 소음(팬 소음, 진동 소음 등)을 흡수하여 감쇠

② 공기 흐름 유지 : 공기 흐름을 방해하지 않으면서도 소음을 줄이는 설계

③ 환경 소음 감소 : HVAC 시스템이 설치된 건물 내부나 외부에서 발생하는 환경 소음을 줄임

덕트의 흡음 방법으로 덕트의 외부를 감싸주는 방법과 덕트 내부의 공기가 통과하는 통로에 흡음재를 설치하여 접촉시켜 감쇠하는 방법, 공기가 직접 접촉하는 부분으로, 천공된 금속판을 사용하여 소음이 이 공간으로 침투시켜 감쇠시키는 방법이 있다.

흡음 덕트의 장점으로 고주파 및 중주파 소음을 효과적으로 감소가 가능하고 강한 금속 재질과 고품질 흡음재 사용으로 제품을 오래 사용할 수 있고 주거, 상업, 산업 환경 모두 사용이 가능하며 다양한 크기와 형태로 제작이 가능하다.

단점으로는 일반 덕트보다 고가이며 흡음재로 인해 덕트의 크기가 커질 수 있어 공간의 제약이 있을 수 있으며 흡음재가 손상되거나 오염될 경우 교체가 필요하다.

흡음 덕트는 공기 흐름 소음을 줄이기 위한 효과적인 대책으로, HVAC 시스템이나 산업 환경에서 널리 사용된다. 적절한 설계와 설치는 소음 감소 효과를 극대화할 수 있고 작업환경 등의 소음 문제를 해결하는 데 중요한 역할을 한다.

4.2.21 청력보호구

소음작업장에서 사용하는 청력보호구로는 귀마개와 귀덮개가 있다.

귀마개의 경우 주로 사용하는 것이 NRR 29를 주로 사용하는데 이 귀마개는 차음 정도가 11 dB 정도이다. 다시 말하면 80 dB(A)가 넘는 소음 환경에서 지속적인 노출이 이루어질 시에는 청력장애가 일어날 수 있는데 이러한 사항을 고려하면 NRR 29인 귀마개는 소음 발생 정도가 92 dB(A) 이상인 작업장에서는 그 사용이 제한적이라는 의미이다.

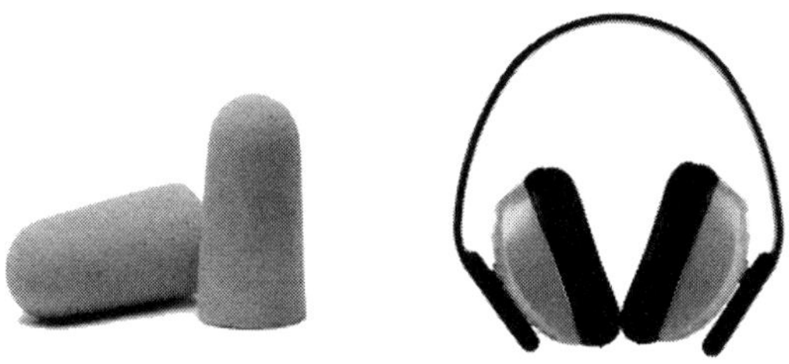

그림 4.35 청력보호구

표 4.4 귀마개와 귀덮개의 장점, 단점

	귀마개	귀덮개
사용 환경	• 덥고 습한 환경에 좋음 • 장시간 사용할 때 • 다른 보호구와 동시 사용할 때	• 간헐적 소음 노출 시 • 귀마개를 쓸 수 없을 때
장점	• 작아서 휴대에 간편 • 안경이나 머리카락에 방해받지 않음 • 저렴함	• 착용 여부 확인 용이 • 귀에 이상이 있어도 착용 용이
단점	• 착용 여부 파악 곤란 • 착용 시 주의할 점이 많음 • 많은 시간과 노력이 필요 • 2차 감염의 위험이 있음	• 장시간 사용 시 내부가 덥고 무겁고 둔탁함 • 보안경 착용 시 효과 감소 • 가격이 비쌈 • 위험률이 증가함

귀마개는 착용 방법에 따라서 차음 정도가 달라질 수 있으므로 올바른 착용법을 숙지하고 사용해야 차음에 대한 효과를 얻을 수 있다.

귀덮개는 귀마개보다는 차음 정도가 큰 반면에 그 착용감이 떨어지고 귀덮개의 사용에는 외부의 음을 잘 인지 못하여 안전에 대한 위험도가 상승하는 문제가 발생한다.

4.2.22 노이즈 캔슬링

최근에는 소음 캔슬링(Noise Canceling)에 대한 기술이 많이 발전하여 전자분야에서 소음 관리부분에 사용이 이루어지고 있다. 이러한 내용은 일부 산업보건 분야에서도 활용이 가능하고 점차 그 폭이 넓어질 것으로 본다.

1) 개요

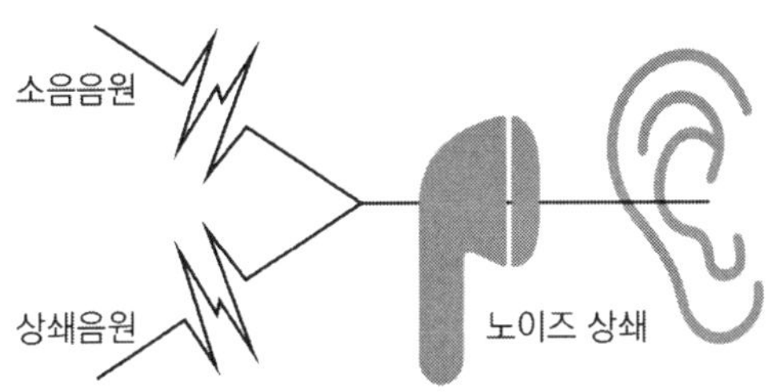

그림 4.36 소음 캔슬링 원리

음향기기에서 음악 감상이나 모니터링 같은 청취를 할 때 방해가 되는 외부 소음을 상쇄, 혹은 차단하는 기술이다. 처음에는 미국에서 군인들의 사격시 발생하는 청력장해와 항공기 탑승자의 소음으로 인한 불편을 해결하기 위해 개발되었다.

소리는 파동이기 때문에 역 위상의 파동을 같은 시간에 발생시키면 파동은 서로 상쇄되어서 변위가 사라지게 할 수 있다. 이를 파동의 간섭이라고 하는데, 이러한 소리의 특성을 이용해서 역위상의 파동을 연산하고 만들어 내는 것을 통해서 소음을 상쇄하는 기술이다.

헤드폰, 이어폰, 헤드셋, 마이크 등에 들어간다. 콜센터 직원용 헤드셋이 대표적이며 레이싱카나 항공기 같이 극단적으로 시끄러운 환경에서 쓰이는 마이크에도 노이즈 캔슬링 기술이 필수적이다. 이 경우엔 사람 목소리 대역폭보다 저고역대 소리를 상당히 제어하고 신호를 전송하는 것인데 요즘은 단순히 대역폭을 잘라버리는 게 아니라 소음을 감지해서 소멸시켜 버리기에 시끄러운 환경에서도 자연스러운 목소리를 들을 수 있다.

그리고 정숙성을 요구하는 자동차에도 쓰이고 있는데 자동차의 엔진 소음과 각종 기계가 내뿜는 소음들을 잡으려면 흡음재를 더 넣어야 하지만, 흡음재는 무게도 나가고 부피도 많이 차지하기에 사용하는데 그 한계가 있다. 그래서 자동차 곳곳에 마이크를 설치해 노이즈 캔슬링으로 소음을 줄여나가고 있다.

2) 종류 및 특징

(1) 액티브 노이즈 캔슬링(ANC, Active Noise Cancellation)

마이크로 소리를 수음하고, 이를 디지털 데이터화한 뒤, 역 위상의 파장을 만들어내서 소리를 내는 스피커에서 만들어내는 구조이다. 원리상 규칙적이고 지속적인 소음이 아니라면 상쇄하기 쉽지 않다. 즉, 사람 말소리로 대표되는 불규칙한 소음은 상쇄 효율이 떨어지지만 반대로 헬기 로터음, 모터 회전 소음, 엔진음 등의 규칙적이고 지속적인 노이즈를 차단하는 데는 탁월한 효과를 보인다.

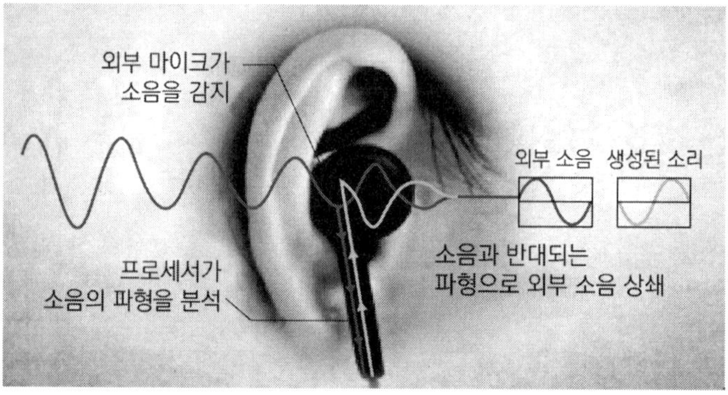

그림 4.37 액티브 노이즈 캔슬링(ANC)

(2) 패시브 노이즈 캔슬링(PNC, Passive Noise Cancellation)

소리가 새거나 들어오지 않는 밀폐형 하우징과 확실하게 밀착하는 이어패드, 이도 내부로 깊숙하게 들어오거나 밀도 있는 소재로 이루어진 이어팁 같은 순수 물리적 차폐로 소음실현한다.

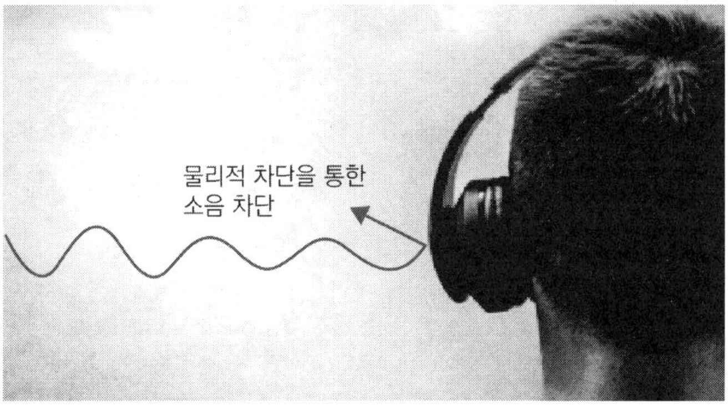

그림 4.38 패시브 노이즈 캔슬링(PNC)

3) 노이즈 캔슬링 방법

(1) PNC(Passive Nosie Control)

수동 소음 제어로서 스펀지 등 흡음재를 이용하여 소음을 흡수하는 방법이다.

커널형 이어폰(귀마개)이 여기에 속한다.

밀폐성을 이용하기 때문에 체감상 별 차이를 못 느낄 수 있는데 최근에는 사람의 귓속의 형태에 맞춰 실리콘으로 본을 뜬 후 귀마개를 제작하는 맞춤형 귀마개로 발전되었다.

(2) cVc(clear Voice captrue)

통화 중 주변 소음 차단 기술로 통화 마이크를 한 개 더 달아서 사용자 음성과 주변 소음을 분리해서 가능한 음성만 전송하는 방법

음악이나 영상을 감상할 때는 적용되지 않는 노이즈 제거 기술이다.

(3) ANC(Active Nosie Control)

능동 소음 제어 기술로 마이크를 사용하여 주변 소음을 분석하여 그 소음에 대응하는 역상 음파를 발생시켜 상쇄 간섭효과로 소음을 줄이는 방법이다.

① 상쇄 간섭

같은 진폭과 진동수를 가진 두 파동이 서로 위상이 반대하여 중첩할 때 합성파의

폭이 0이 되는 현상을 말한다.

② 기본적인 작동 원리

위상반전(Phase Reversal, Phase Invert)을 이용한 소리 상쇄 현상을 활용 : 소리는 〈그림 4.39〉처럼 파형과 같은 형태로 표현이 가능하다(물론 실제 소리는 더 복잡한 파형이다).

왼쪽 사진을 180도 뒤집어 놓은 사진이 오른쪽 사진이다. 이렇게 기존의 소리를 그대로 180도 뒤집는 처리 방식을 '위상반전'이라고 한다.

가로축 t를 기준으로 윗공간을 +, 아랫공간을 -라고 했을 때, 왼쪽사진은 +에서 시작하고, 오른쪽 사진은 -에서 시작한다. 그렇다면 왼쪽과 오른쪽 파형을 각각 소리 A와 B라고 했을 때 A와 B를 완벽하게 동시에 재생할 경우 +1과 -1을 더하면 0이 되는 것처럼 아무 소리도 들리지 않게 된다. 이를 소리가 '상쇄되었다'라고 한다.

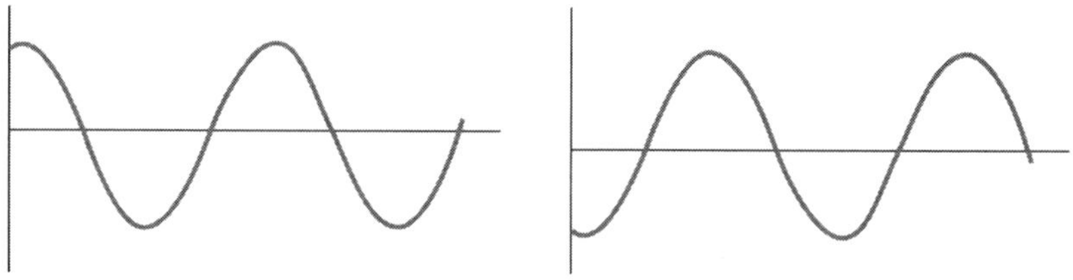

그림 4.39 위상반전

소리 상쇄에는 매우 까다로운 조건이 따른다.

① 원래 소리와 반전된 소리의 크기가 완벽히 일치해야 한다.

이 경우 0.1dB 정도 차이만 나도 상쇄가 아닌 감쇠 현상이 발생한다. 그래도 줄어들긴 한다.

② 원래 소리와 반전된 소리가 완벽하게 동시에 실행되어야 한다.

이 경우 미세한 시간차가 생겨도 상쇄는 물론 감쇠현상조차 기대할 수 없기 때문에 시간차를 0으로 만드는 것이 최대의 관건이다.

③ 위상반전(Phase Reversal, Phase Invert)을 이용한 소리 상쇄 현상을 활용 : 소리는

〈그림 4.39〉처럼 파형과 같은 형태로 표현이 가능하다(물론 실제 소리는 더 복잡한 파형이다).

왼쪽 사진을 180도 뒤집어 놓은 사진이 오른쪽 사진이다. 이렇게 기존의 소리를 그대로 180도 뒤집는 처리 방식을 '위상반전'이라고 한다.

4) ANC 이어폰의 구체적인 처리 방식

이어폰으로 귀를 꽉 막은 상태라 하더라도 외부소음은 들리게 된다.

외부소음이 여러분의 이어폰을 뚫고 들어오기 시작한 시간부터 고막에 도착하기 전까지의 그 짧은 시간 안에 ANC이어폰은 다음의 과정이 진행된다.

① 이어폰을 뚫고 고막에 직접 전달된 외부소음의 파형과 똑같은 형태의 외부소음을 마이크를 통해 수집하거나, 수집한 파형을 토대로 똑같은 모양이 되도록 만들어 내야 한다.

② 그렇게 수집한 외부소음 복제본을 위상반전 시켜야 한다.

③ 상쇄를 위해서는 외부소음과 샘플의 재생 시간차를 완벽하게 일치시켜야 한다.

④ 소음은 실시간으로 끊임없이 발생한다. 그렇기 때문에 실시간으로 계속 ①~②작업을 수행해야 한다.

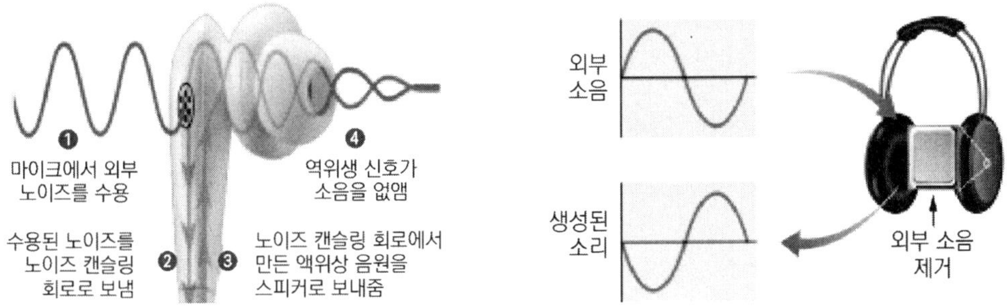

그림 4.40 소음 캔슬링(Noise Canceling) 원리

4.2.23 기타

그 밖의 방법으로 작업시간을 조절하는 방법이 있는데 예를 들면, 작업장의 소음 발생 정도가 94 dB(A) 정도인 공정에서 소음공정에서 근로자가 4시간 미만으로 근무하고 비소음 부서에서 나머지 시간을 근무하는 즉 작업을 쉐어링(Sharing)하는 방법이다. 그리고 근로자들에게 휴게 공간을 제공하여 쉬는 시간이나 중식시간 등 작업이 이루어지지 않는 시간에 비소음 지역에서 휴식함으로 청력을 관리하는 방법이 있다.

부록 1

근로자 건강진단 실시기준

제정 1992. 4. 2. 노동부고시 제92-9호
개정 1994. 8. 4. 노동부고시 제94-38호
개정 1998. 1. 3. 노동부고시 제97-63호
개정 1999.11.29. 노동부고시 제99-29호
개정 2001. 8. 3. 노동부고시 제2001-45호
개정 2006. 1.18. 노동부고시 제2006-1호
개정 2008. 3.14 노동부고시 제2008-17호
개정 2008.12.31 노동부고시 제2008-101호
개정 2009. 9.25 노동부고시 제2009-38호
개정 2012. 4.30 고용노동부고시 제2012-45호
개정 2013.10.18 고용노동부고시 제2013-49호
개정 2016.6.9 고용노동부고시 제2016-23호
개정 2018.1.17 고용노동부고시 제2018-8호
개정 2019.4.16 고용노동부고시 제2019-27호
개정 2020.1.15. 고용노동부고시 제2020-60호
개정 2021.4.14. 고용노동부고시 제2021-33호
개정 2022.2.22. 고용노동부고시 제2022-97호
개정 2023.2.10. 고용노동부고시 제2023-8호

제1장 총칙

제1조(목적) 이 고시는 「산업안전보건법」제129조부터 제135조에 따른 근로자 건강진단 실시에 필요한 사항, 제137조에 따른 건강관리카드(이하 "카드"라 한다.) 소지자의 건강진단 실시에 필요한 사항 및 제158조제5항에 따른 건강진단의 보조 및 지원 대상과 방법 그리고 절차 등에 필요한 사항을 규정함을 목적으로 한다.

제2조(정의) 이 고시에서 사용하는 용어의 뜻은 다음 각 호와 같으며, 그 밖의 용어는 이 고시에 특별한 규정이 없으면 「산업안전보건법」(이하 "법"이라 한다), 「산업안전보건법 시행령」(이하 "영"이라 한다) 및 「산업안전보건법 시행규칙」(이하 "규칙"이라 한다)에서 정하는 바에 따른다.

1. "사후관리 조치"란 법 제132조제4항에 따라 사업주가 건강진단 실시결과에 따른 작업장소 변경, 작업전환, 근로시간 단축, 야간근무 제한, 작업환경측정, 시설·설비의 설치 또는 개선, 건강상담, 보호구 지급 및 착용 지도, 추적검사, 근무 중 치료 등 근로자의 건강관리를 위하여 실시하는 조치를 말한다.
2. "건강진단 지원·보조"란 특수건강진단 및 배치전 건강진단에 소요되는 비용의 전부 또는 일부를 사업주에게 지원하는 것을 말한다.
3. 규칙 제241조제2항의 "고용노동부장관이 정하여 고시하는 물질"이란 다음 각 목의 어느 하나에 해당되는 물질을 말한다.
   가. 영 제87조에 따른 제조 등이 금지되는 유해물질
   나. 영 제88조에 따른 허가 대상 유해물질
   다. 「산업안전보건기준에 관한 규칙」 별표 12에 따른 관리대상 유해물질 중 특별관리물질

제2장 건강진단의 실시

제1절 실시 대상·시기 및 검사항목

제3조(수시건강진단 실시요건) 규칙 제205조제1항에 따라 수시건강진단 실시의 건의·

요청은 별지 제1호서식에 따르고, 자문결과서는 별지 제2호서식에 따른다.

제4조(제2차 건강진단의 검사항목 등) ① 규칙 제198조제3항에 따른 일반건강진단에 대한 제2차 건강진단은 별표 1에서 각 질환별로 정하는 검사항목으로서 건강진단을 실시하는 의사가 필요하다고 인정하는 검사항목에 대하여 실시한다.

② 규칙 제206조제3항에 따라 제1차 검사항목에 대한 검사결과평가가 곤란하거나 질병이 의심되는 경우 해당 신체기관에 대한 제2차 검사항목을 실시하여야 한다. 다만, 별표 2에 해당하는 검사항목은 의심되는 질병에 따라 건강진단을 실시하는 의사가 필요하다고 판단되는 경우에 실시할 수 있다.

③ 제2항에도 불구하고 다음 각 호의 어느 하나에 해당하는 경우로서 건강진단을 실시하는 의사가 해당 근로자의 건강관리구분상 필요 없다고 판단하는 경우에는 그 사유를 기재하고 제2차 검사항목의 전부 또는 일부를 실시하지 아니할 수 있다.

1. 제1차 검사결과 이상소견이 기존에 가지고 있던 비직업성 질환이나 소견으로 인한 것이 명백한 경우
2. 제2차 검사항목 중 제1차 검사결과 신체기관의 이상소견의 원인 및 상태를 파악하는 데 불필요한 검사항목으로 판단되는 경우

④ 규칙 제206조제3항에 따라 다음 각 호의 어느 하나에 해당하는 근로자에 대해서는 제1차 검사항목을 검사할 때 제2차 검사항목의 일부 또는 전부를 추가하여 실시할 수 있다.

1. 전회 특수건강진단결과 직업병 유소견자나 요관찰자로 판정받은 근로자
2. 최근 1년간의 작업환경측정결과 노출기준 이상인 작업공정에서 해당 유해인자에 노출된 근로자
3. 문진이나 병력·진찰 등의 소견에서 해당 유해인자와 관련된 질병의 소견이 의심되는 근로자

제5조(제2차 건강진단 대상의 통보 등) ① 건강진단기관은 규칙 제198조제3항 및 제206조제3항에 따른 제2차 건강진단 대상자 명단을 사업주에게 별지 제3호서식에 따라 통보하여야 한다.

② 사업주는 제1항에 따라 제2차 건강진단 대상자를 통보받은 날부터 30일 이내에 해당 근로자가 건강진단기관에서 제2차 건강진단을 받을 수 있도록 조치하여야 한다.

제6조(특수건강진단 실시의 예외) 제3조제1항에 따라 수시건강진단을 실시한 후 주기적으로 실시하는 특수건강진단 실시일이 6개월 이내에 있고 별도의 의사소견이 없는 근로자에 대하여는 해당 유해인자에 대한 특수건강진단을 실시하지 아니할 수 있다. 다만, 직업성 천식·직업성 피부염이 의심되는 근로자에 대하여 수시건강진단을 실시한 경우에는 그러하지 아니하다.

제7조(건강진단의 동시실시) 사업주는 일반건강진단과 특수건강진단을 모두 실시하여야 하는 연도에는 특수건강진단 시에 일반건강진단을 포함하여 실시할 수 있다.

제8조(특수건강진단 등의 주기 단축의 예외) 규칙 제202조제2항제2호 단서에 따른 의사가 특수건강진단 주기를 단축하는 것이 필요하지 않다는 소견을 별지 제3호의2서식에 따라 작성할 경우에는 한국산업안전보건공단(이하 "공단"이라 한다)의 근로자 건강진단 실무지침(이하 "근로자건강진단실무지침"이라 한다)을 참고하여 작성할 수 있다.

제2절 검사방법 등

제9조(검사방법 등) ① 규칙 제198조에 따른 일반건강진단 및 제206조에 따른 특수건강진단·배치전건강진단 또는 수시건강진단의 검사항목별 검사방법 및 검사항목별 검사결과에 대한 참고 값 등은 근로자건강진단실무지침을 따른다.

② 규칙 제198조제2항에 따른 혈당, 총콜레스테롤 및 γ-GTP 검사의 구체적 실시대상은 별표 3과 같다.

제10조(흉부방사선 검사) ① 규칙 제198조제1항제4호의 흉부방사선 검사는 가로, 세로 각각 14인치 이상의 필름 또는 디지털 영상에 의한 방법을 사용하여야 한다.

② 규칙 제206조제1항 및 별표 24에 따른 특수건강진단·배치전건강진단·수시건강진단의 검사항목 중 흉부방사선 검사는 직접촬영 검사를 말한다.

③ 제1항 및 제2항의 방사선 필름에는 촬영연월일, 회사명(약자를 포함한다) 및 회사별 근로자 일련번호를 기재하여야 한다. 다만, 직접촬영의 경우에는 반드시 근로자 성명, 성별 및 나이를 추가로 기재하여야 한다.

제11조(방사선 필름 또는 영상의 판독) 흉부방사선 필름 또는 영상은 다음 각 호의 어느 하나에 해당하는 전문의에게 판독을 받아야 한다. 다만, 영상의학과 전문의 1인당 연간 판독한 직접촬영 방사선 필름 및 영상이 평균 3만5천건을 초과하지 않도록 하여야 한다.

1. 해당 건강진단기관 소속 영상의학과 전문의 1인 이상
2. 공단 산업안전보건연구원에서 실시하는 진폐정도관리를 받은 영상의학과 전문의 1인 이상

제12조(치과검사) ① 특수건강진단 대상 유해인자 중 다음 각 호의 어느 하나에 해당되는 유해인자에 대한 치과검사는 별지 제4호서식에 따라 치과의사가 실시하여야 한다.

1. 불화수소
2. 염소
3. 염화수소
4. 질산
5. 황산
6. 이산화황
7. 황화수소
8. 고기압

② 치과검사결과 직업병 유소견자에 대하여는 별지 제4호서식의 치아검사(부식증, 교모증) 및 치주조직검사표를 작성하여 별지 제5호서식의 특수·배치전·수시·임시 건강진단개인표에 첨부하여야 한다.

제13조(건강진단결과의 판정 등) ① 건강진단기관은 규칙 제197조, 제202조, 제204조, 제205조에 따라 실시한 일반건강진단·특수건강진단·배치전건강진단·수시건강진단 및 임시건강진단의 결과는 별표 4에서 정한 바에 따라 건강관리구분·사후관리내용 및 업무수행 적합여부로 각각 구분하여 판정하여야 한다.

② 건강진단기관이 건강진단을 실시하였을 때에는 그 결과를 규칙 제209조제1항에 따라 별지 제5호의2서식의 특수건강진단 개인표 또는 별지 제6호서식의 일반건강진단 개인표에 기록하여 근로자에게 송부하여야 한다.

제14조(특수건강진단 실시의 인정) ① 「의료법」 제77조 및 「전문의의 수련 및 자격 인정 등에 관한 규정」(대통령령 제23314호)에 따른 직업환경의학과 레지던트 3년차 이상인 사람이 「전공의의 연차별 수련교과과정」(보건복지부고시 제2013-39호)에서 정한 산업의학 실무수련을 받는 과정에서 시행령 제97조제1항에 따른 특수건강진단기관 지정의사인 직업환경의학과 전문의의 지도를 받아 특수건강진단 업무를 수행한 경우에는 법 제130조에 따른 특수건강진단을 실시한 것으로 본다.

② 제1항에 따른 직업환경의학과 전문의는 해당 레지던트에게 특수건강진단 업무를 수행하게 한 경우에는 「전문의의 수련 및 자격 인정 등에 관한 규정」 제12조제1항제2호에 따른 '전공의 수련기록지'에 수행한 특수건강진단 사업장·근로자명, 건강진단 실시·판정 과정에서 지도한 사항 등을 기록하여야 한다.

③ 제1항에 따라 레지던트가 수행한 특수건강진단을 받은 근로자는 규칙 제211조제3항에 따른 특수건강진단기관 지정의사의 특수건강진단 실시 연인원에 포함된다.

제15조(특수건강진단 등 실시) ① 규칙 제211조제2항에 따른 특수건강진단기관은 다음 각 호에 해당하는 근로자에 대하여 규칙 별표 12의2제4호의 야간작업 유해인자에 대한 특수건강진단·배치전건강진단·수시건강진단(이하 '야간작업 특수건강진단 등'이라 한다)을 실시할 수 있다.

1. 업무(지정)지역에 소재한 사업장 소속 근로자
2. 제1호에 해당하지 않는 근로자로 업무(지정)지역에 소재한 사업장 근무 근로자
3. 제1호 및 제2호에 해당하지 않는 근로자로 업무(지정)지역에 주민등록이 되어 있는 근로자

② 제1항에 따라 특수건강진단기관이 야간작업 특수건강진단 등을 실시할 경우에는 규칙 제211조제2항제3호에 따른 의사가 수행하여야 한다.

③ 제1항에 따라 특수건강진단기관이 제1항제2호 및 제3호에 해당하는 근로자에 대하여 야간작업 특수건강진단 등을 실시하는 경우에는 별지 제6호서식에 따라 실시현황을 기록·보존하여야 한다.

제15조의2(야간작업 특수건강진단 등의 지정인력교육 운영) ① 규칙 제211조제1항제2호 다목에 따른 '고용노동부장관이 정하는 교육'이란 규칙 제211조제1항제2호에 따른 특수건강진단기관에서 야간작업 특수건강진단 등을 실시하는 의사가 수료하야야 하는 의무교육을 말하며, 세부교육 내용 및 방법은 별표 5와 같다.

② 제1항에 따른 교육 운영주체는 공단으로 하고, 공단은 매년 말일까지 해당 연도 특수건강진단기관 교육과정 결과와 다음 연도 특수건강진단 교육과정 운영계획을 고용노동부장관에게 제출하여야 한다. 이 경우 공단은 다음 연도 교육일정 등을 공단 홈페이지 등에 공고하여야 한다.

③ 공단은 특수건강진단 교육과정 수료자에게 별지 제9호서식의 수료증을 발급하여야 하고, 수료자 명단 등 교육수료 관련 자료를 작성·관리하여야 한다.

제16조(건강진단결과의 송부 및 보존) ① 특수건강진단·수시건강진단 또는 임시건강진단을 실시한 건강진단기관은 규칙 제209조제4항에 따른 건강진단개인표 전산입력자료를 1차 또는 2차 건강진단을 실시한 날부터 각각 30일 이내에 공단에 송부하여야 한다.

② 제1항의 건강진단개인표 및 건강진단결과표의 전산입력·송부에 관하여 필요한 사항은 공단이 고용노동부장관의 승인을 얻어 정하는 바에 따른다.

③ 건강진단기관은 건강진단 실시현황을 별지 제7호서식 및 제8호서식에 따라 기록·보존하여야 한다.

제17조(개인정보의 보호) 공단은 건강진단기관이 제출한 특수·배치전·수시·임시 건강진단개인표 전산입력자료의 개인 정보가 누설되지 아니하도록 필요한 조치를 강구하여야 한다.

제3절 카드소지자의 건강진단

제18조(건강진단시기 및 항목) ① 카드소지자가 받아야 할 건강진단의 검사항목은 다음 각 호와 같다.

1. 규칙 별표 25 제1호에 해당하는 경우 규칙 별표 24 제1호 "가"목 (1) 유기화합물 중 연번 3에서 규정한 검사항목
2. 규칙 별표 25 제2호에 해당하는 경우 규칙 별표 24 제1호 "가"목 (1) 유기화합물 중 연번 42에서 규정한 검사항목
3. 규칙 별표 25 제3호에 해당하는 경우 규칙 별표 24 제1호 "가"목 (5) 영 제88조의 규정에 의한 허가대상물질 중 연번 4에서 규정한 검사항목
4. 규칙 별표 25 제4호에 해당하는 경우 규칙 별표 24 제1호 "가"목 (1) 유기화합물 중 연번 51에서 규정한 검사항목
5. 규칙 별표 25제5호에 해당하는 경우 규칙 별표 24제1호 "나"목 중 연번 7에서 규정한 검사항목
6. 규칙 별표 25 제6호에 해당하는 경우 규칙 별표 24 제1호 "가"목 (5) 영 제88조의 규정에 의한 허가대상물질 중 연번 5에서 규정한 검사항목
7. 규칙 별표 25 제7호에 해당하는 경우 규칙 별표 24 제1호 "나"목 중 연번 2에서 규정한 검사항목
8. 규칙 별표 25 제8호에 해당하는 경우 규칙 별표 24 제1호 "가"목 (5) 영 제88조의 규정에 의한 허가대상물질 중 연번 7에서 규정한 검사항목
9. 규칙 별표 25 제9호에 해당하는 경우 규칙 별표 24 제1호 "가"목 (2) 금속류 중 연번 19에서 규정한 검사항목
10. 규칙 별표 25 제10호에 해당하는 경우 규칙 별표 24 제1호 "가"목 (5) 영 제88조의 규정에 의한 허가대상물질 중 연번 6에서 규정한 검사항목
11. 규칙 별표 25 제11호에 해당하는 경우 규칙 별표 24 제1호 "가"목 (2) 금속류 중 연번 3에서 규정한 검사항목
12. 규칙 별표 25 제12호에 해당하는 경우 규칙 별표 24 제1호 "가"목 (2) 금속류 중 연번 17에서 규정한 검사항목

13. 규칙 별표 25 제13호에 해당하는 경우 규칙 별표 24 제1호 "가"목 (1) 유기화합물 중 연번 41에서 규정한 검사항목
14. 규칙 별표 25 제14호에 해당하는 경우 규칙 별표 24 제1호 "가"목 (5) 영 제88조의 규정에 의한 허가대상물질 중 연번 8에서 규정한 검사항목
15. 규칙 별표 25 제15호에 해당하는 경우 규칙 별표 24 제1호 "다"목 물리적 인자 중 연번 3에서 규정한 검사항목

② 카드소지자의 건강진단개인표는 별지 제5호서식의 근로자 특수·배치전·수시·임시 건강진단개인표를 준용한다.

③ 카드소지자에 대한 건강진단비용은 공단에서 부담한다.

④ 카드소지자의 건강진단의 신청, 심사, 결정, 환수, 반환방법 등에 관한 사항은 공단이 고용노동부장관의 승인을 얻어 별도로 정한다.

제19조(건강진단 실시결과의 통보) 건강진단기관은 카드소지자에 대해 건강진단을 실시한 날부터 30일 이내에 해당 카드소지자 및 공단에 그 결과를 통보하여야 한다.

제3장 건강진단결과 사후관리

제20조(사후관리 조치) ① 사업주는 건강진단 실시결과에 따라 작업장소 변경, 작업전환, 근로시간 단축, 야간근무 제한 등의 조치를 시행할 때에는 사전에 해당 근로자에게 이를 알려주어야 한다. 이 경우 해당 조치의 이행이 어려울 때에는 건강진단을 실시한 의사 또는 산업보건의(의사인 보건관리자를 포함한다)의 의견을 들어 사후관리 조치의 내용을 변경하여 시행할 수 있다.

② 사업주는 건강진단 실시결과에 따라 건강상담, 보호구 지급 및 착용 지도, 추적검사, 근무 중 치료 등의 조치를 시행할 때에 다음 각 호의 어느 하나를 활용할 수 있다.

1. 건강진단기관
2. 산업보건의
3. 보건관리자
4. 공단 근로자 건강센터

③ 근로자는 사업주가 실시하는 제2항의 조치를 받아야 한다. 이 경우 근로자가 원할 때에는 다른 전문기관에서 이에 상응하는 조치를 받아 그 결과를 증명하는 서류를 사업주에게 제출할 수 있다.

제4장 건강진단 지원·보조

제21조(정부의 지원) ① 고용노동부장관은 영 제109조제11호에 따라 다음 각 호의 어느 하나에 해당하는 사업장에 대하여 건강진단 비용의 전액 또는 일부를 지원할 수 있다.

1. 「산업재해보상보험법」에 따른 산업재해보상보험에 가입한 상시근로자수 50명 미만 사업장
2. 건설 일용근로자를 사용하는 사업장
3. 그 밖에 업종특성, 고용형태 등을 고려하여 비용을 지원할 필요가 있다고 고용노동부장관이 인정한 사업장

② 제1항의 건강진단지원·보조사업의 신청, 심사, 결정, 환수, 반환 방법 등에 관한 사항은 공단이 고용노동부장관의 승인을 얻어 별도로 정한다.

제22조(특수형태근로종사자에 관한 특례) 고용노동부장관은 법 제77조제3항에 따라 특수형태근로종사자의 건강진단 비용의 전액 또는 일부를 지원할 수 있다.

제23조(재검토기한) 고용노동부장관은 이 고시에 대하여 2020년 1월 1일 기준으로 매 3년이 되는 시점(매 3년째의 12월 31일까지를 말한다)마다 그 타당성을 검토하여 개선 등의 조치를 하여야 한다.

부칙

제1조 이 고시는 발령한 날로부터 시행한다.

[별표 1]

일반건강진단에 대한 제2차 건강진단 검사항목(제4조 관련)

번호	질환 구분	제2차 건강진단 검사항목
1	폐결핵 및 비결핵성 흉부질환	가. 흉부방사선 직접촬영 검사 나. 결핵균 농축도말 검사
2	순환기계질환	가. 혈압 검사 나. 정밀안저 검사 다. 심전도 검사 라. 트리글리세라이드 검사 마. 총콜레스테롤 검사 바. H.D.L-콜레스테롤 검사
3.	간장질환	가. 총단백 검사 나. 혈청알부민 검사 다. 총빌리루빈 검사 라. 알칼리포스파타제 검사 마. 혈청지오티 검사 바. 혈청지피티 검사 사. 감마지티피 검사 아. B형간염 검사 1) 표면항원 검사 2) 표면항체 검사 자. 알파피토단백 검사
4	신장질환	가. 요침사현미경 검사 나. 요소질소 검사 다. 요단백 검사 라. 크레아티닌 검사
5	빈혈증질환	가. 혈색소 검사 나. 백혈구수 검사 다. 적혈구수 검사 라. 혈청철 검사 마. 철결합능(T.I.B.C) 검사
6	당뇨질환	가. 혈당 검사 나. 요당 검사 다. 당화혈색소(HbA1C) 검사
7	피부질환	의사가 필요하다고 인정하여 사업주가 동의한 검사
8	그 밖의 질환	의사가 필요하다고 인정하여 사업주가 동의한 검사

[별표 2]

특수·배치전·수시 건강진단 제2차 검사항목 중 필요시 실시하는 검사항목 (제4조제2항 관련)

신체기관	필요시 실시하는 검사항목
간담도계	알파휘토단백, 초음파 검사, B형간염 표면항원, B형간염 표면항체, C형간염 항체, A형간염 항체
호흡기계	흉부방사선(측면), 흉부방사선(후전면), 비특이 기도과민검사, 흉부 전산화 단층촬영, 폐활량검사, 작업 중 최대호기 유속연속측정
비뇨기계	비뇨기과진료, 전립선특이항원(남), 베타2마이크로글로불린
신경계	신경전도검사, 근전도검사, 신경행동검사, 임상심리검사
눈·피부·비강·인두	세극등현미경검사, KOH검사, 면역글로불린 정량(IgE), 피부첩포시험, 피부단자시험, 비강 및 인두 검사
	비강 및 인두 검사, 후두경검사
	정밀안저검사, 정밀안압검사, 안과진찰
이비인후	중이검사(고막운동성검사)
순환기계	24시간 혈압, 24시간 심전도
내분비계	유방촬영, 유방초음파
위장관계	위내시경

[별표 3]

일반건강진단 제1차 검사항목 중 실시대상 근로자(제9조제2항 관련)

구분	검사항목	실시대상 근로자
1	혈당 검사	직전 일반건강진단에서 "당뇨병 의심(R)" 판정을 받은 근로자
2	총콜레스테롤 검사	가. 직전 일반건강진단에서 "고혈압 요관찰(C)" 판정을 받은 근로자 나. 일반건강진단시 실시한 혈압측정에서 수축기 또는 이완기 혈압이 각각 150 mmHg 또는 95 mmHg 이상 초과한 근로자
3	감마지·티·피 검사	35세 이상인 근로자

[별표 4]

건강관리구분, 사후관리내용 및 업무수행 적합여부 판정(제13조제1항 관련)

1. 건강관리구분 판정

<table>
<tr><th colspan="2">건강관리구분</th><th>건강관리 구분 내용</th></tr>
<tr><td colspan="2">A</td><td>건강관리상 사후관리가 필요 없는 근로자(건강한 근로자)</td></tr>
<tr><td rowspan="2">C</td><td>C1</td><td>직업성 질병으로 진전될 우려가 있어 추적검사 등 관찰이 필요한 근로자 (직업병 요관찰자)</td></tr>
<tr><td>C2</td><td>일반질병으로 진전될 우려가 있어 추적관찰이 필요한 근로자(일반질병 요관찰자)</td></tr>
<tr><td colspan="2">D1</td><td>직업성 질병의 소견을 보여 사후관리가 필요한 근로자(직업병 유소견자)</td></tr>
<tr><td colspan="2">D2</td><td>일반 질병의 소견을 보여 사후관리가 필요한 근로자(일반질병 유소견자)</td></tr>
<tr><td colspan="2">R</td><td>건강진단 1차 검사결과 건강수준의 평가가 곤란하거나 질병이 의심되는 근로자(제2차건강진단 대상자)</td></tr>
</table>

※ "U"는 2차건강진단대상임을 통보하고 30일을 경과하여 해당 검사가 이루어지지 않아 건강관리구분을 판정할 수 없는 근로자 "U"로 분류한 경우에는 해당 근로자의 퇴직, 기한 내 미실시 등 2차 건강진단의 해당 검사가 이루어지지 않은 사유를 시행규칙 제209조제3항에 따른 건강진단결과표의 사후관리소견서 검진소견란에 기재하여야 함

1의 2. "야간작업" 특수건강진단 건강관리구분 판정

건강관리구분	건강관리 구분 내용
A	건강관리상 사후관리가 필요 없는 근로자(건강한 근로자)
CN	질병으로 진전될 우려가 있어 야간작업 시 추적관찰이 필요한 근로자(질병 요관찰자)
DN	질병의 소견을 보여 야간작업 시 사후관리가 필요한 근로자(질병 유소견자)
R	건강진단 1차 검사결과 건강수준의 평가가 곤란하거나 질병이 의심되는 근로자(제2차건강진단 대상자)

※ "U"는 2차건강진단대상임을 통보하고 30일을 경과하여 해당 검사가 이루어지지 않아 건강관리구분을 판정할 수 없는 근로자 "U"로 분류한 경우에는 당 근로자의 퇴직, 기한내 미실시 등 2차 건강진단의 해당 검사가 이루어지지 않은 사유를 규칙 제209조제3항에 따른 건강진단결과표의 사후관리소견서 검진소견란에 기재하여야 함

2. 사후관리조치 판정

구분	사후관리조치 내용(1)
0	필요없음
1	건강상담[(2)]( )
2	보호구지급 및 착용지도 ( )
3	추적검사[(3)] ( )검사항목에 대하여 20 년 월 일경에 추적검사가 필요
4	근무중 ( )에 대하여 치료
5	근로시간 단축( )
6	작업전환( )
7	근로제한 및 금지 ( )
8	산재요양신청서 직접 작성 등 해당 근로자에 대한 직업병확진의뢰 안내[(4)]
9	기타[(5)]( )

※ (1) 사후관리조치 내용은 한 근로자에 대하여 중복하여 판정할 수 있음
(2) 생활습관 관리 등 구체적으로 내용 기술
(3) 건강진단의사가 직업병 요관찰자(C1), 직업병 유소견자(D1) 또는 “야간작업” 요관찰자(CN), “야간작업” 유소견자(DN)에 대하여 추적검사 판정을 하는 경우에는 사업주는 반드시 건강진단 의사가 지정한 검사항목에 대하여 지정한 시기에 추적검사를 실시하여야 함
(4) 직업병 유소견자(D1)중 요양 또는 보상이 필요하다고 판단되는 근로자에 대하여는 건강진단을 한 의사가 반드시 직접 산재요양신청서를 작성하여 해당 근로자로 하여금 근로복지공단 관할지사에 산재요양신청을 할 수 있도록 안내하여야 함
(5) 교대근무 일정 조정, 야간작업 중 사이잠 제공, 정밀업무적합성평가 의뢰 등 구체적으로 내용 기술

3. 업무수행 적합여부 판정

구분	업무수행 적합여부 내용
가	건강관리상 현재의 조건하에서 작업이 가능한 경우
나	일정한 조건(환경개선, 보호구착용, 건강진단주기의 단축 등)하에서 현재의 작업이 가능한 경우
다	건강장해가 우려되어 한시적으로 현재의 작업을 할 수 없는 경우(건강상 또는 근로조건상의 문제가 해결된 후 작업복귀 가능)
라	건강장해의 악화 또는 영구적인 장해의 발생이 우려되어 현재의 작업을 해서는 안되는 경우

[별표 5]

특수건강진단 교육내용

구분	교육 과목	최소 교육 시간
1	산업안전보건법과 근로자건강진단제도	1시간
2	특수건강진단 원리의 이해 : 직업환경의학적 평가, 업무관련성과 적합성	1시간
3	야간작업의 건강영향 : 최신지견과 문진 및 설문지 이해	1시간
4	야간작업 특수건강진단 실무 : 야간작업 문진과 결과 판정	1시간
총계		4시간

* 모든 교육과정은 집체교육으로 실시하여야 함

[별지 제1호 서식]

기 관 명

우편번호 / 주소 / 전화 / 전송 / 전자우편
담당부서 / 부서장 / 담당

수시건강진단 실시 건의·요청서

문서번호 : 시행일자 : 년 월 일

받 음: 대표 귀하

주 소 :

「산업안전보건법 시행규칙」제205조 및 「근로자 건강진단 실시기준」제3조에 따라 우리 회사(귀사) 다음 근로자에 대하여 수시건강진단의 실시를 건의·요청합니다.

1. 근로자 인적사항							
성명		생년월일		성별	(남, 여)	연령	세
2. 작업공정 현황(근무부서, 작업공정, 작업실태)							
3. 작업환경 및 유해인자							
4. 사유 (호소 증상 및 의학적 소견)							

근로자 (서명 또는 인)

건의·요청자 소 속

직 책

성 명 (서명 또는 인)

※ 사업주는 보건관리자(보건관리를 대행하는 경우에는 보건관리대행기관)·산업보건의 또는 자문의사의 수시건강진단 실시 건의·요청에 따라 「산업안전보건법」 제132조 및 같은 법 시행규칙 제205조에 따라 수시건강진단을 실시하여야 함을 알려드립니다.

210㎜×297㎜
(인쇄용지(특급) 70g×㎡)

[별지 제2호 서식]

기 관 명

우편번호 / 주소 / 전화 / 전송 / 전자우편
담당부서 / 부서장 / 담당

수시건강진단 실시 필요여부 소견서

문서번호 : 시행일자 : 년 월 일
받 음 : 대표 귀하
주 소 :

「산업안전보건법 시행규칙」제205조 및 「근로자 건강진단 실시기준」제3조에 따라 수시건강진단 실시 필요여부 소견서를 다음과 같이 제출합니다.

1. 의뢰내용 2. 검토결과 3. 소견결과

기관명 면허번호 성명 (인)

※ 지면이 부족한 경우에는 별지로 첨부할 수 있습니다.

210㎜×297㎜
(인쇄용지(특급) 70g×㎡)

[별지 제3호 서식]

기 관 명

우편번호 / 주소 / 전화 / 전송 / 전자우편
담당부서 / 부서장 / 담당

[□ 특수건강진단 □ 일반건강진단] 제2차 건강진단 대상 근로자 명단 통보

문서번호 : 시행일자 : 년 월 일
받 음 : 대표 귀하
주 소 :

「산업안전보건법 시행규칙」 제198조제3항, 제206조제5항 및 「근로자 건강진단 실시기준」 제5조에 따라 [□ 특수건강진단 □ 일반건강진단] 제2차 건강진단 대상 근로자 명단을 아래와 같이 통보하오니 30일 이내에 건강진단을 실시하여 주시기 바랍니다.

성명	성별	연령	근무부서	유해인자명	필요한 검사항목	사유

○ ○ ○ ○ 기 관 장 (인)

※ 지면이 부족한 경우에는 별지로 첨부할 수 있습니다.

210mm×297mm
(일반용지(특급) 70g/㎡)

[별지 제3호의2 서식] 〈신 설 2020.1.15. 개정〉

기 관 명

우편번호 / 주소 / 전화 / 전송 / 전자우편
담당부서 / 부서장 / 담당

건강진단 주기 소견서

문서번호 : 시행일자 : 년 월 일

받 음 : 대표 귀하

주 소 :

「산업안전보건법 시행규칙」제202조2항2호, 「근로자 건강진단 실시기준」제8조에 따라 건강진단 실시주기 단축하는 것이 필요하지 않다는 소견을 다음과 같이 제출합니다.

직업병 유소견자 건강진단 내용	작업공정	
	유해인자	
	건강진단결과	
건강진단 주기 소견		

기관명 면허번호 성명 (인)

※ 지면이 부족한 경우에는 별지로 첨부할 수 있습니다.

210㎜×297㎜
(인쇄용지(특급) 70g×㎡)

[별지 제4호 서식]

치아검사(부식증, 교모증) 및 치주조직검사표

1. 치아검사결과(부식증, 교모증)　　　2. 치주조직검사결과

□□□□□□□□□□□□□□　　□□□

□□□□□□□□□□□□□□　　□□□

7 6 5 4 3 2 1 1 2 3 4 5 6 7

치아상태 :		치주상태 :
E0 : 정상	T0 : 정상	0 : 정상
E1 : 법랑질표면부식	T1 : 법랑질파괴	1 : 출혈
E2 : 법랑질파괴부식	T2 : 상아질파괴	2 : 치석형성
E3 : 상아질파괴부식	T3 : 교두의 완전파괴	3 : 전치주낭형성
E4 : 2차상아질파괴부식	T4 : 치관치근경계부까지	4 : 심치주낭형성
E5 : 치주노출부식	파괴	5 : 기타( )

검사일시		검사기관		치과의사	면허번호:
					(서명 또는 인)

210mm×297mm
(신문용지 54g/㎡)

[별지 제5호 서식] ☐ 배치전 ☐ 특수 ☐ 수시 ☐ 임시

(앞쪽)

건강진단개인표

유해인자 :

주민등록번호		이름		나이	만 세	성별		사원번호	
근로자 주소								전화번호	
사업체 명				업종					
현작업부서		현작업내용				지방사무소			
입사년월일		현직전입일		폭로기간		1일 폭로시간			

과거직력	작업 공정명	근무년수	기간	문진	과거병력		진찰	신경계 이비인후과 안과, 피부과 진동장애 등	
					가족력				
					업무기인성 흡연, 음주				

취 급 물 질	
현재증상	

항목	신장 (Cm)	체중 (Kg)	혈압 (mmHg)* 최고	혈압 (mmHg)* 최저	흉부방사선검사(촬영번호 : 번) 판독의사면허번호( )	
참고치			139이하	89이하		
( )년도						
( )년도						

치 과 소 견		치과의사	인

건 강 진 단 항 목				
검사항목	검사결과	참고치	( )년도	( )년도

판정	검진소견	사후관리조치	업무수행 적합여부	유해인자별 건강구분: 유해인자	유해인자별 건강구분: 건강구분

건강진단일자	. . .	건강진단기관		건강진단의사	(서명 또는 인)
근 로 자	(서명 또는 인)				

* 혈압은 근로자 건강상태를 파악하기 위한 참고자료로 해당 유해인자별 검사항목에 포함되지 않은 경우에는 판정하지 않음

210mm×297mm
(전산용지(특급) 45g/㎡)

(뒷쪽)

1. 건강관리구분·사후관리내용 및 업무적합성 평가

<table>
<tr><th colspan="2">건강관리 구분</th><th>사후관리 내용</th><th>업무수행적합여부
(질병유소견자에 대하여 구분함)</th></tr>
<tr><td>A</td><td>건강한 근로자 또는 경미한 이상소견이 있는 근로자</td><td rowspan="8">0 필요 없음
1 건강상담
2 보호구착용
3 추적검사
4 근무 중 치료
5 근로시간 단축
6 작업전환
7 근로금지 및 제한
8 직업병확진의뢰안내 (건강진단기관이 안내)
9 기타</td><td rowspan="8">• 건강관리상 현재의 조건하에서 작업이 가능한 경우
• 일정한 조건(환경개선, 개인보호구 착용, 건강진단의 주기를 앞당기는 경우 등)하에서 현재의 작업이 가능한 경우
• 건강장해가 우려되어 한시적으로 현재의 작업을 할 수 없는 경우 (건강상 또는 근로조건상의 문제를 해결한 후 작업복귀 가능)
• 건강장해의 악화 혹은 영구적인 장해발생으로 현재의 작업을 해서는 안되는 경우</td></tr>
<tr><td>C_1</td><td>직업성 질병으로 진전될 우려가 있어 추적검사 등 관찰이 필요한 근로자(요관찰자)</td></tr>
<tr><td>C_2</td><td>일반질병으로 진전될 우려가 있어 추적관찰이 필요한 근로자(요관찰자)</td></tr>
<tr><td>CN</td><td>질병으로 진전될 우려가 있어 야간작업시 추적관찰이 필요한 근로자(요관찰자)</td></tr>
<tr><td>D_1</td><td>직업성질병의 소견이 있는 근로자(직업병유소견자)</td></tr>
<tr><td>D_2</td><td>일반질병의 소견이 있는 근로자(일반질병유소견자)</td></tr>
<tr><td>DN</td><td>질병의 소견을 보여 야간작업시 사후관리가 필요한 근로자(유소견자)</td></tr>
<tr><td>R</td><td>건강진단 1차검사결과 건강수준의 평가가 곤란하거나 질병이 의심되는 근로자(제2차건강진단 대상자)</td></tr>
</table>

※ 특수건강진단 과정에서 퇴직 등의 사유로 건강관리구분을 판정할 수 없는 경우에는 “U“로 분류함.

2.건강관리참고사항

<table>
<tr><th colspan="2">유해요인</th><th>인체에 미치는 영향</th><th>예방</th></tr>
<tr><td>1. 화학적 인자</td><td>유기 화합물</td><td>- 눈, 피부, 호흡기 점막의 자극 증상
- 농도에 따라 다양한 정도의 마취되기 전 증상이 나타난다. 즉, 어지러움증, 두통, 도취감(흥분), 피로, 졸음, 구역, 지남력 상실, 가슴통증에 이어 흡수농도가 증가 되면 점차적으로 의식을 잃을 수 있다.
- 만성 피로 시에는 감각 혹은 운동기능 이상, 기억력저하, 피로, 신경질, 불안 등의 신경계통의 장해를 유발하기도 한다.</td><td>- 유기용제가 들어있는 통은 필요할 때 이외에는 반드시 마개 혹은 뚜껑으로 막아 놓는다.
- 작업장에서는 흡연이나 음식물의 섭취를 금하고 작업이 끝난 후에는 작업복으로 갈아입고 세면을 한다.
- 인체에 유기용제 증기가 흡입되지 않도록 유의하며, 유기용제용 방독마스크, 보호장갑 및 작업복 등 개인보호구를 반드시 착용한다.</td></tr>
</table>

유해요인		인체에 미치는 영향	예방
금속류	수은	- 식욕부진, 두통, 전신권태, 경미한 몸 떨림, 불안, 호흡곤란, 화학성 폐렴, 입술부위의 창백, 메스꺼움, 설사, 정신장애 증세를 보이고 피부의 알레르기화, 기억상실, 우울증세를 나타낼 수 있다. 그리고 피부흡수를 통해 전신독성을 나타낼 수 있다.	- 용기는 반드시 밀폐해 둔다. - 송기마스크 또는 방독마스크, 보호의, 불침투성 보호앞치마, 보호장갑, 보호장화를 착용하고 작업한다.
금속류	연 · 4알킬연	- 연이 체내에 흡수되면 초기에는 피로를 느끼고, 잠이 잘 안오며 팔 다리의 통증, 식욕감퇴 등의 증세가 나타날 수 있으며 계속하여 체내에 흡수되는 납이 증가하면 갑자기 배가 아프거나 관절에 통증이 느껴질 수 있으며, 어지럽고 손발에 힘이 약해지는 증세가 올 수 있음 - 4알킬연은 무기연화합물보다 독성이 강하며, 호흡기로 흡수되어 주로 중추신경계통에 작용하고 간과 골수, 신장, 뇌 등에 장해를 준다. - 급성증상 : 무기연과는 달리 중추신경계의 증상이 강하게 나타나는데 노출 수 일 후엔 불안, 흥분, 근육연축, 망상, 환상이 일어나고 혈압저하, 체질저하, 맥박수가 감소한다.	- 음식물을 골고루 섭취하고 흡연, 과음을 삼가며 적당한 운동으로 체력을 유지함. - 개인위생(식사전 세수, 방독마스크 착용, 작업복 세탁 등)을 철저히 지키고 근본적으로 납이 체내에 들어오는 것을 예방하는 것이 바람직함. - 화기접근을 금한다. - 누설의 유무를 매일 1회 이상 점검한다. - 작업은 교대로 실시(1일 노출시간을 가급적 단축)한다. - 송기마스크 또는 유기가스용 방독면, 보호장갑, 보호장화, 보호의 등을 착용하고 작업한다.
금속류	카드뮴	- 만성적으로 노출되면 신장장해, 만성 폐쇄성 호흡기 질환 및 폐기종을 일으키며 골격계장해와 심혈관계 장해도 일으키는 것으로 알려져 있다. - 기침, 가래, 콧물, 후각이상, 식욕부진, 구토, 설사, 체중감소 등이 나타나고 앞니나 송곳니, 치은부에 연한 황색의 환상 색소침착을 볼 수 있다.	- 작업장의 공기 중 카드뮴 농도를 낮게 유지하고 작업장을 청결하게 한다. - 작업장 내에서 식사나 흡연은 절대 금물이며 작업복은 자주 갈아입는다. - 적절한 보호구(방진마스크, 보호장갑 등)를 착용하고 작업한다.
금속류	망간	- 수면방해, 행동이상, 신경증상, 발음부정확 등	- 보호구 착용을 철저히 한다. - 환기를 철저히 한다. - 작업수칙을 철저히 지킨다. - 호흡기 질환, 신경질환, 간염, 신장염이 있는 근로자는 해당 업무에 종사하지 않도록 한다.
금속류	오산화바나듐	- 눈물이 나옴, 비염, 인두염, 기관지염, 천식, 흉통, 폐염, 폐부종, 피부습진 등	
금속류	니켈	- 폐암, 비강암, 눈의 자극증상, 발한, 메스꺼움, 어지러움, 경련, 정신착란 등	
산 및 알카리류		- 심한 호흡기 자극으로 일시적으로 숨이 막히고 기침이 난다. - 피부를 바늘로 찌르는 듯한 통증이 생긴다. - 화상을 입을 수 있다.	- 마스크를 착용한다. - 방수된 보호의, 고무장갑, 보호면을 착용하여 피부접촉을 방지한다. - 보호용 안경을 착용한다.

<table>
<tr><th colspan="3">유해요인</th><th>인체에 미치는 영향</th><th>예방</th></tr>
<tr><td rowspan="5"></td><td colspan="2"></td><td>- 장기 노출 시에는 치아부식증 및 기관지 등에 만성적인 염증이 생길 수 있다.</td><td></td></tr>
<tr><td colspan="2">가스상 물질류</td><td>- 대부분 가스상으로 호흡기를 통하여 인체에 들어와 건강장해를 일으키며 이외에도 피부나 경구적으로도 침입될 수 있는 물질이 많고 일반적으로 신경 장해(마취작용), 피부염 등이 일어날 수 있다.
- 짧은 기간 동안 많은 양에 노출되면 눈, 코, 목, 피부 및 점막 등을 자극한다.</td><td>- 화기에 주의한다.
- 작업환경에서 발생한 가스, 흄, 분진 등은 유해가스용 방독마스크, 보호의, 장갑 등을 착용하고 필요 시, 세수, 샤워 등 개인위생을 잘 지킨다.
- 유해물 등이 저장장소에서 유출되지 않도록 철저히 보관, 관리한다.</td></tr>
<tr><td rowspan="3">영 제88조에 의한 허가대상물질</td><td>석면</td><td>- 만성장해로서는 석면폐 등을 일으킬 수 있고 기침, 담 등 기관지염 증상을 수반하고 호흡곤란, 심계항진 등을 호소하며, 폐암 및 중피종이 발생할 수 있으므로 발암물질로 규정하고 있다.</td><td>- 방진마스크, 보안경을 착용한다.
- 작업 후 목욕을 실시한다.
- 작업복은 작업 시에만 착용하고 작업 후에는 반드시 갈아입는다.
- 석면취급 근로자는 반드시 금연하여야 한다.</td></tr>
<tr><td>베릴륨</td><td>- 기관지염, 폐염, 접촉성 피부염, 기침, 호흡곤란, 폐의 육아종 형성</td><td rowspan="2">- 보호구 착용을 철저히 한다.
- 환기를 철저히 한다.
- 작업수칙을 철저히 지킨다.
- 호흡기 질환, 신경질환, 간염, 신장염이 있는 근로자는 해당 업무에 종사하지 않도록 한다.</td></tr>
<tr><td>비소</td><td>- 접촉성 피부염, 비중격 점막의 괴사, 다발성 신경염 등</td></tr>
<tr><td colspan="3">2. 분진</td><td>- 광물성분진 : 진폐증의 자·타각증상이나 소견은 호흡기계에서 비롯된 호흡 곤란, 기침, 담액과다, 흉통, 혈담, 피로 등의 증상이 나타난다.
- 면분진 : 특징적인 자각증상인 월요증상(Monday disease)은 흉부압박감, 가슴통증, 호흡곤란, 기침 등인데 특히 월요일에 심하며 주말에 이를수록 점차 경미하여 진다(월요일에는 면분진에 노출되지 않는 것을 전제로 한다).</td><td>- 발진 공정의 습식화 및 분진억제 대책을 수립, 시행한다.
- 발진원 포위 격리 및 밀폐 등을 실시한다.
- 방진마스크를 반드시 착용하고 작업한다.</td></tr>
<tr><td>3. 물리적 인자</td><td colspan="2">소음</td><td>- 불쾌감, 정신피로를 발생시켜서 재해를 증가시킬 수 있고 작업능률을 저하, 청력장해를 초래할 수 있다.
- 청력장해는 일시적인 난청인 경우와 영구적으로 오는 난청 2가지의 경우가 있다. 영구적인 난청(직업성난청)은 높은 소음에 장기간 노출될 때 회복되지 않는 내이성 난청의 일종이며, 나중에는 말소리까지도 침범 당하여 잘 듣지 못한다.</td><td>- 소음발생이 큰 기계, 기구를 교체하거나 격리시킨다.
- 발생원에 대한 방음흡음시설 설치(칸막이 등) 등을 한다.
- 작업 시에는 귀마개, 귀덮개 등 차음보호구 착용을 생활화 한다.</td></tr>
</table>

유해요인		인체에 미치는 영향	예방
	진동	- 국소진동이 직접 수지부에 가하여져 수지부 혈관 및 관절에 기계적 공진현상을 일으켜 말초장해를 유발하며 중추, 말초, 골관절 장해를 일으킨다. 즉 손가락의 창백현상, 손가락의 감각이상, 투통, 감작 등의 증상을 일으킨다.	- 진동흡수 장갑을 착용하고 작업한다. - 공구의 보수관리를 철저히 한다. - 작업시간을 단축한다.
	자외선	- 피부의 홍반현상, 색소침착, 각막의 부종과 괴사, 피부암 등을 일으킬 수 있다. - 용접 시에 발생되는 자외선은 각막결막염과 노출된 피부에 장해를 일으키며, 불활성가스 또는 금속 아크용접 등은 강력한 자외선을 발생하며 눈 및 피부에 화상을 입히는 일이 많다.	- 유해광선 장해를 예방하는 근본원칙은 방사선 발생원의 격리, 산란선 누선방지 등 방사선의 피폭방지에 있어 필름밧지(film badge) 또는 포켓선량계로 피폭량을 측정한다. - 피부보호의, 보호안경, 보호장갑, 안전모(방열용) 등 개인보호구를 착용한다.
	이상 기압	- 고압에서는 가스가 혈액 속에 용해되어 있다가 급격한 감압으로, 특히 질소가 혈관과 조직 내에 기포를 형성하고 혈관이 약한 부위에 따라 피부의 가려움 및 근육통, 관절통, 호흡곤란, 시력장해, 반신불수 등을 일으킨다.	- 수심에 따른 체재시간의 한도와 적절한 감압법을 엄수하여야 한다. - 고기압 환경에 부적절한 고령자, 결핵천식 등의 만성호흡기 질환자, 심맥관계 이상 자. 만성부비강염, 중이염, 골관절 이상 자 등은 그 작업을 하지 않도록 하여야 한다.
4. 야간작업		- 야간작업은 뇌심혈관질환의 위험을 증가시키며, 생체리듬의 불균형으로 인해 수면장애가 발생할 수 있고, 소화성궤양과 같은 위장관질환을 유발할 수 있다. 또한 유방암과의 관련으로 인해 국제암연구소(IARC)에서 2A 등급으로 지정되어 있다.	- 뇌심혈관질환과 관련된 위험요인을 관리하기 위한 생활습관요법을 실천한다. - 교대근무 일정을 바람직한 형태로 설계하며, 필요시 야간작업 중에 수면시간을 제공한다. - 심혈관질환, 중추신경장해, 조혈기계질환, 생식기계 기능이상 등이 있는 경우 야간작업 배치 전 업무 적합성 평가를 실시한다.

[별지 제5호의2 서식]

(앞쪽)

근로자 일반건강진단 개인표

건강진단실시기간[. . . - . . .]

사 업 장 명		업 종 분 류		현 작업부서명		현부서 근무개월 수	개월
사업장 주소				과 거 직 력		전 화 번 호	
근로자 성명		주민등록번호		성 별	□ 남 / □ 여	사 원 번 호	
근로자 주소				입 사 년 월 일	년 월 일	직 종 구 분	□ 사무직 / □ 기타 근로자

1차 건강진단

참고치 \ 구분		체위검사									소변검사			
		신장	체중	비만도	시력(좌/우)		청력		혈압		요당백	요단백	요잠혈	요pH
					맨눈	교정	좌	우	수축기	이완기				
정상 범위				110 미만					139 미만	89 미만	음성	음성	음성	5.5-7.5
결과	년 월				/	/								
	년 월				/	/								
	검사성적	cm	kg	%	/	/			mmHg	mmHg				

참고치 \ 구분		혈액검사							B형간염검사			흉부방사선검사
		혈구용적치	혈색소	혈당(식전)	총콜레스테롤	혈청지오티	혈청지피티	감마지티피	표면항원	표면항체	검사결과	촬영구분 □간접촬영/□직접촬영 촬영번호
정상 범위		남:41-53 여:36-47	남:13.0-16.5 여:12.0-15.5	70-110	230 이하	40 이하	35 이하	남:11-63 여:8-35	음성	음성 / 양성	면역자	정상 / 비활동성 폐결핵
결과	년 월											
	년 월											
	검사성적	%	g/ℓ	mg/ℓ	mg/ℓ	U/ℓ	U/ℓ	U/ℓ				

임상진찰		1차 건강진단 판정				
과거병력		1차 소견				
생활습관		사후관리 조치				
증상소견		건강관리구분		건강진단 의사	면허번호	
		1차 판정일	20 년 월 일		성명	(서명 또는 인)

2차 건강진단	구분		순환기계 질환							당뇨질환 검사				
			고혈압				고지혈증							
	참고치		혈압		정밀안저검사	심전도 검사	총콜레스테롤	HDL-콜레스테롤	트리글리세라이드	요당	요당		HbA_1C	정밀안저검사
			최고	최저							식전	식후		
	정상 범위		139 이하	89 이하	정상	정상	230 이하	남:30-70 여:35-80	40-200		70-110	120 이하		정상
	결과	년 월												
		년 월												
		검사성적	mmHg	mmHg			mg/ℓ	mg/ℓ	mg/ℓ			mg/dℓ	mg/dℓ	mg/dℓ

구분		간장질환												
		간기능검사										B형 간염검사		
참고치		알부민	총단백	빌리루빈		알칼리포스파타제	유산탈수효소	알파휘토단백	혈청지오티	혈청지피티	감마지티피	표면항원	표면항체	검사결과
				총	직접									
정상 범위		3.5-5.0	6.0-8.0	0.2-1.2	0.50이하	30-115		음성	40 이하	35 이하	남:11-63 여:8-35	음성	음성 / 양성	면역자
결과	년 월													
	년 월													
	검사성적	g/dℓ	g/dℓ	mg/dℓ	mg/dℓ	U/ℓ	U/ℓ		U/ℓ	U/ℓ	U/ℓ			

구분		신장질환						빈혈질환						피부질환
참고치		요침사현미경		요단백	요소질소	크레아티닌	요산	혈구용적치	혈색소량	적혈구수	백혈구수	Serum Iron	철결합능 (T.I.B.C)	
		적혈구	백혈구											
정상 범위														
결과	년 월													
	년 월													
	검사성적													

구분		흉부질환(직접촬영)			기타질환	2차 건강진단 판정				
참고치		촬영번호				연도	건강관리구분	사후관리조치		
정상 범위		정상 / 비활동성 폐결핵				년 월				
결과	년 월		방사선과 전문의			년 월				
	년 월		면허번호			판정결과				
			성명	(서명 또는 인)						
	검사성적		면허번호			최종판정일		건강진단 의사	면허번호	
			성명	(서명 또는 인)					성명	(서명 또는 인)

건강관리구분 및 사후관리

건강구분	판정기준	사후관리
A	건강관리상 사후관리가 필요없는 근로자(건강한 근로자)	사후관리 필요 없음
C	질병으로 진전될 우려가 있어 추적검사 등 관찰이 필요한 근로자(요관찰자)	의사의 소견에 따른 의학적 조치
D_1	직업성질병의 소견을 보여 관리가 필요한 근로자(직업병 유소견자)	의사의 소견에 따른 요양신청, 작업전환, 취업장소의 변경 및 근무 중 치료
D_2	일반질병의 소견을 보여 사후관리가 필요한 근로자(일반질병 유소견자)	의사의 소견에 따른 근로시간 단축, 작업전환, 휴직, 근무 중 치료, 그 밖의 의학적 조치
R	질환 의심 근로자	제2차 건강진단 대상자(제2차 건강진단 실시 통보일부터 30일 이내에 실시)

※ 귀하의 건강진단 결과에 대해서는 아래의 질환별 주의사항을 참고하시어 건강보호 및 건강증진에 활용하시기 바랍니다.

질환별	주의사항	질환별	주의사항
폐결핵	- 적당한 운동, 균형 있는 식사로 건강을 증진한다. - 영양을 충분히 공급한다. - 공해지역 또는 혼탁한 작업환경을 피한다. - 금연한다. - 기침, 미열, 가래 등이 계속되면 의사의 진료를 받는다. - 다른 호흡기 질환(감기, 기관지염, 폐렴 등)을 앓지 않도록 주의하고, 발견시 조기치료 한다. - 치료약의 복용, 치료기간 등을 반드시 지킨다.	빈혈증 질환	- 빈혈의 일상적인 증상(현기증, 창백, 두통, 가슴 두근거림)등의 발생여부에 관심을 두고 이상하면 의사의 진료를 받는다. - 자주 출혈이 되는지 멍이 잘 드는지 관찰한다. - 편식하지 않고 철분, 엽산(葉酸) 및 비타민이 풍부한 음식물을 섭취한다. - 여성의 경우 주기적 월경 ,수유, 분만, 임신 등 철분의 손실 및 요구가 증가되는 때에는 열량이 많은 음식(특히, 철분)을 충분히 섭취한다. - 기생충 질환에 이환되지 않도록 주의한다. - 과로는 피한다.
순환기계 질환	- 고지방 음식, 단음식을 피한다. - 지방섭취 절제 등 식이요법을 준수한다. - 비만증이 되지 않도록 주의한다. - 균형 있는 영양상태가 유지되도록 한다. - 금연한다. - 가볍고 적당한 운동을 한다.	당뇨 질환	- 과음, 과식 삼가고 금연한다. - 당분 섭취를 삼간다. - 의사의 지시에 따른 식이요법은 반드시 준수한다. - 당뇨증상(심한갈증, 뇨량증가물의 다량섭취)의 발생 유무를 관찰하고, 의심되

질환별	주의사항	질환별	주의사항
	- 연속적인 긴장이 요구되는 운동을 한다. - 신장질환, 당뇨병의 발병에 유의한다.		면 진료를 받는다. - 췌장염 등의 발견시는 조기치료 한다. - 부모, 형제 중 당뇨병을 가진 사람이 있으면 특히 주의한다.
간장 질환	- 과로를 피하고 충분한 수면과 휴식을 취한다. - 고단백 음식을 섭취한다. - 의사의 지시에 따른 식이요법을 준수한다. - 금주, 금연한다. - 의사의 지시 이외의 약제복용을 삼간다. - 간에 부담을 주는 한약 및 항생제 등의 남용을 억제한다. - 간염으로 진단된 경우에는 가족에게 전염되지 않도록 주의한다.	기타 흉부 질환	- 먼지, 꽃가루 등이 많은 곳은 피한다. - 독한 화공약품에 주의한다. - 금연한다. - 호흡기 또는 심장에 부담을 주는 육체적인 운동을 피한다. - 운동 후 호흡곤란, 객담, 기침의 이상소견 등이 발견되면 의사의 진료를 받는다. - 질환을 악화시킬 과중한 업무 및 공해환경을 피한다. - 만성 폐질환이 되지 않도록 조기에 치료한다.
신장 질환	- 농뇨, 혈뇨, 뇨량감소 등의 발견시는 의사의 진찰을 받는다. - 요로감염 등의 염증을 조기치료 한다. - 결핵 및 당뇨병에 대한 정기적인 검사를 받는다. - 짠음식을 삼간다. - 의사의 지시에 따른 식이요법을 준수한다. - 신장기능을 저하시키는 한약 및 항생제 등의 남용을 억제한다.		

[별지 제6호서식]

년도 야간작업 특수건강진단 실시현황

의료기관명 :

검진일자	사업장			수진 근로자			결재	
	명칭	소재지	전화번호	성명	생년월일	소재지	담당	기관장

※ 사업장 정보 : 제15조제2호에 해당하는 경우 소속 사업장과 근무 사업장을 각각 기재하며, 제3호에 해당하는 경우 소속 사업장을 기재
수진 근로자 정보 : 제15조제3호에 해당하는 경우 해당 근로자의 주민등록지 확인 후 소재지에 주민등록지 기재

[별지 제7호 서식]

흉부방사선 사진판독 소견서

<table>
<tr><td rowspan="4">사업장</td><td>소재지
(주소)</td><td></td><td rowspan="4">검진
기관</td><td>병 원 명</td><td></td></tr>
<tr><td rowspan="2">명 칭</td><td rowspan="2"></td><td>촬영연월일</td><td>년 월 일</td></tr>
<tr><td>촬영 번호</td><td>부터 까지</td></tr>
<tr><td>업 종</td><td></td><td>총 인원수</td><td>명</td></tr>
</table>

촬영번호	분류	소견	비고	촬영번호	분류	소 견	비 고

판독자			
판독자	소속	성명	(서명 또는 인)
	소속	성명	(서명 또는 인)

분류표
A : 정상(기록하지 말것)
B : 사진불량(요 재촬영)
C : 석회화병변 및 비활동성
D-A : 폐결핵 경증
D-B : 폐결핵 중등증
D-C : 폐결핵 중증
E : 폐결핵 의증
F : 비결핵성 질환(반드시 소견을 기입할 것)
G : 진단미정
* D-A, D-B, D-C, E, F, G는 직접촬영을 할 것
* 사업장의 업종을 반드시 기재할 것

210mm×297mm
(신문용지 54g/㎡)

[별지 제8호 서식]

년도 근로자 건강진단 실시현황

의료기관명 :

검진일자	사 업 장			검진종류별 수진 근로자수										결재	
	명칭	소재지	전화번호	계	일반	특수		배치전		임시		수시		담당	기관장
						유해인자	인원	유해인자	인원	유해인자	인원	유해인자	인원		

※ 근로자 1인이 특수건강진단과 일반건강진단을 동시에 실시한 경우에는 특수검진란에만 인원수를 개재하고 일반검진란에는 "동시실시"라고 기재함

380 mm×268 mm

[별지 제9호서식]

제 호

수 료 증

기 관 명 :

성 명 :

생년월일 : 년 월 일

교육기간 : 년 월 일 (4 시간)

위 사람은 「산업안전보건법」 시행규칙 제211조제1항에 따른 특수건강진단기관 교육과정을 이수하였으므로 이 증서를 수여합니다.

년 월 일

한국산업안전보건공단
산업안전보건교육원장 (직인)

210 mm×297 mm
(보존용지(1종) 70g/㎡)

부록 2

KOSHA GUIDE
H - 56 - 2021

순음청력검사에 관한 지침

한국산업안전보건공단(2021.10.)

안전보건기술지침의 개요

○ 제정자 : 한국산업안전보건공단 산업안전보건연구원 김규상

○ 개정자 : 한국산업안전보건공단 산업안전보건연구원 최윤정

○ 제 · 개정경과

- 1999년 5월 산업의학분야 기준제정위원회 심의
- 1999년 8월 총괄기준제정위원회 심의
- 2003년 3월 산업의학분야 기준제정위원회 심의
- 2003년 5월 총괄기준제정위원회 심의
- 2006년 6월 산업의학분야 기준제정위원회 심의
- 2006년 9월 총괄기준제정위원회 심의
- 2012년 4월 산업의학분야 기준제정위원회 심의(개정, 법규개정조항 반영)
- 2014년 11월 총괄기준제정위원회 심의
- 2018년 10월 산업의학분야 기준제정위원회 심의
- 2019년 11월 산업의학분야 기준제정위원회 심의
- 2021년 8월 산업의학분야 표준제정위원회 심의

○ 관련규격 및 자료

- ISO 8253-1:2010 : Acoustics -Audiometric test methods- Part1: Pure-tone air and bone conduction audiometry
- OSHAct 29CFR 1910.95 : OSHA's hearing conservation amendment to the noise standard
- 대한청각학회. 청각검사지침 2판. 2017.
- 이지호, 소음 노출 근로자건강진단 판정 기준 세부지침 개발 연구, 한국산업안전보건공단 산업안전보건연구원, 2019
- ASHA Guidelines : Audiometric Symbols

○ 관련법규 · 규칙 · 고시 등

- 산업안전보건법 제130조(특수건강진단)
- 산업안전보건법 시행규칙 제8장 제2절(근로자 건강진단)
- 산업안전보건규칙 제4장 (소음 및 진동에 의한 건강장해의 예방)
- 고용노동부고시 제2020-60호(근로자 건강진단 실시기준)
- 고용노동부고시 제2020-61호(특수건강진단기관의 정도관리에 관한 고시)

○ 기술지침의 적용 및 문의

이 기술지침에 대한 의견 또는 문의는 한국산업안전보건공단 홈페이지(http://kosha.or.kr) 안전보건기술지침 소관 분야별 문의처 안내를 참고하시기 바랍니다.

공표일자 : 2021년 10월

제 정 자 : 한국산업안전보건공단 이사장

1. 목적

이 지침은 산업안전보건법(이하 "법"이라 한다) 제130조(특수건강진단) 및 같은 법 시행규칙(이하 "규칙" 이라 한다) 제206조(특수건강진단 등의 검사항목 및 실시방법 등) 별표 24, 산업안전보건기준에 관한 규칙(이하 "안전보건규칙"이라 한다) 제4장(소음 및 진동에 의한 건강장해의 예방), 고용노동부고시 제2020-60호(근로자 건강진단 실시기준)에 따라 소음발생장소에서 업무를 행하는 근로자에 대한 순음청력검사(이하 "청력검사"라 한다) 및 고용노동부 고시 제2020-61호(특수건강진단기관의 정도관리에 관한 고시) 중 청력정도관리에 필요한 지침을 정함을 목적으로 한다.

2. 적용범위

이 지침은 소음에 대한 근로자 건강진단을 실시함에 있어 청력검사기의 교정방법, 청력검사실의 환경 그리고 검사자가 기도전도 및 골도전도 순음청력검사를 실시하는 방법에 대하여 적용한다.

3. 용어의 정의

① 이 지침에서 사용되는 용어의 정의는 다음과 같다.

㉠ 순음청력검사는 순음을 통해 주파수 별 청력역치레벨(hearing threshold level)을 측정하는 것이다. 이하 "청력검사"라 한다.

㉡ "기도전도(이하 "기도"라 한다)" 란 음이 공기를 통하여 외이도를 거쳐 내이에 전달되는 과정을 말한다.

㉢ "골도전도(이하 "골도"라 한다)" 란 음이 두개골을 통해 내이에 전달되는 과정을 말한다.

㉣ "청력역치레벨(이하 "역치"라 한다)"이란 제시한 자극음을 들을 수 있는 가장 작은 순음의 강도를 말한다.

ⓜ 청력검사기(audiometer)란 대상자에게 제시하는 명시한 주파수의 자극음, 잡음 등을 발생하는 전기음향기기를 말한다.

ⓑ "교정청력검사기(calibrated audiometer)"란 청력검사기에서 명시한 주파수와 강도가 검사기에서 실제로 내보내고 있는 주파수와 강도가 동일하고, 지정한 헤드폰으로 검사 신호를 보내며, 외부의 잡음이 없으며, 검사에 필요하지 않은 신호는 발생하지 않는 검사기를 말한다.

ⓢ "차폐(masking)"란 청력이 나쁜 쪽 귀를 검사할 때 청력이 좋은 쪽 귀가 반응하지 않도록 차폐잡음(masking noise)을 제시하여 좋은 쪽 귀가 반응하지 않게 하는 것을 말한다.

ⓞ "이간감쇠(interaural attenuation)"란 청력검사시 검사 측 귀에 음자극을 주면 두개골을 통해서 반대 측 내이의 달팽이관에서도 듣게 되는데 이러한 전달과정에서 음이 약해지는 현상을 말한다.

ⓙ "폐쇄효과(occlusion effect)"란 골도 청력검사시 반대 측 귀(비검사 귀)를 차폐할 때 착용한 헤드폰으로 인해 음압이 증가되어 더 잘 듣게 되는 현상을 말한다.

ⓒ "청력도(audiogram)"란 주파수별 기도와 골도 역치의 결과를 도표로 나타낸 것을 말한다.

② 기타 이 지침에서 사용하는 용어의 정의는 특별한 규정이 있는 경우를 제외하고는 법, 같은 법 규칙 및 보건규칙이 정하는 바에 따른다.

4. 청력검사기와 교정 방법

4.1 청력검사기

① 청력검사기는 수동식, 자기기록식(Bekesy라고 알려져 있음) 및 자동식이 있다. 임상에서의 표준 청력검사 방법은 수동식 청력검사기이다.

② 청력검사기는 기본적으로 순음, 주파수변조음(frequency modulated tone)의자극음과 차폐잡음을 발생하는 신호음발생기 및 어음회로, 귀덮개헤드폰(supra-aural headphone), 삽입이어폰(insert earphone), 골진동기(bone vibrator), 스피커(loudspeaker) 등의 변환기로 구성되어 있다. 자극음은 주파수, 강도 및 연속음 또는 정지음을 선택할 수 있고, 차폐잡음은 협대역잡음(narrow-band noise), 어음잡음(speech noise), 백색잡음(white noise) 중 목적에 따라 선택할 수 있다.

③ 청력검사기의 주파수는 적어도 500 Hz에서 8,000 Hz까지, 그리고 헤드폰, 삽입 이어폰, 스피커를 사용할 때의 음압은 -10 dB에서 90 dB HL 이상의 범위에서검사할 수 있어야 한다.

④ 각 변환기는 해당 청력검사기와 연결한 후 교정하여야 하며, 다른 검사기에는 사용할 수 없다.

4.2 교정 방법

청력검사기의 교정은 기능점검, 음향교정, 정밀교정 점검으로 구분하여 시행한다.

4.2.1 기능점검

① 기능점검은 사용하는 모든 장비에 대해서 일상적(매일 또는 사용 당일)으로 간략하게 장비의 성능을 확인하는 과정이다.

② 오디오미터와 부속품을 깨끗이 하고 점검한다. 이어폰 쿠션과 플러그, 주 연결선과 부속 연결선이 마모되거나 손상을 입지 않았는지를 확인한다.

③ 장치를 켜고, 예열시간 동안 그대로 둔다(제조자가 예열 시간을 말해 놓지 않았다면 회로를 안정화시키기 위해 10분 정도 둔다). 가능하다면 이어폰과 골도 진동자의 제조 번호를 장비의 제조 번호와 함께 확인한다.

④ 청력검사기의 출력이 양쪽 귀에 대해 대략적으로 맞는지 확인하고 10 dB나 15 dB의 청력 레벨과 겨우 들을 수 있는 음에서 스위프를 함으로써 골전도가 대략 맞는지 확인한다. 이러한 시험은 모든 적절한 주파수에서 골진동기뿐 아니라 헤드폰에서도 수행한다.

⑤ 모든 주파수에서 모든 적절한 기능(적절하게 작동하는지 들어 보는 것으로 왜곡,

잡음 등을 확인)을 확인한다. 플러그나 연결선이 단락되지 않았는지, 모든 스위치, 반응을 나타내는 램프가 제대로 작동하는지를 확인한다.

⑥ 피시험자의 신호시스템이 제대로 작동하는지 확인한다.

⑦ 낮은 레벨에서의 소음이나 웅웅거리는 소리, 신호가 다른 채널에서 발생할 때 갑자기 나타나는 원하지 않는 소리 또는 차폐가 발생할 때 음질에서의 어떤 변화를 확인한다. 감쇠기에서 설정한 청력레벨이 모든 명시한 주파수에서 일정하게 나타나게 하고, 음이 전달될 때 전자적이거나 기계적인 소음이 없는 동안 감쇠기가 작동 하는지를 확인한다.

⑧ 헤드셋의 머리띠와 골도진동자의 머리띠가 죄는 정도를 확인한다.

⑨ 검사 대상자의 수준과 기계가 나타내는 수준의 차이가 10 dB 이상일 경우에는 음향교정을 실시하여야 한다.

⑩ 기능점검에는 별지 서식의 청력검사기 일일점검표 양식을 활용할 수 있다.

4.2.2 음향교정

① 청력검사기의 정기 음향교정은 연 1회 이상 시행하며 수시 음향교정은 기능점검값이 10 dB 이상의 오차가 있을 때 실시한다.

② 청력검사기의 음향교정은 IEC 61672-1 또는 그 이상의 성능을 가진 소음측정기로 실시한다.

③ 청력검사기의 음향교정은 출력음압레벨의 점검과 직선성 검사를 하여야 하며 출력음압레벨의 허용오차는 500～3,000 Hz에서 3 dB, 4,000 Hz에서 4 dB, 6,000 Hz와 8,000 Hz에서 5 dB 이내이어야 한다. 직선성 검사시 허용 오차는 15 dB 이내이어야 한다.

④ 허용오차를 벗어날 경우는 정밀교정을 실시한다.

4.2.3 정밀교정

① 정밀교정은 기능점검과 음향교정을 제대로 시행하였다면 반드시 필요한 것은 아니

다. 정밀교정은 청력검사기의 내부의 조절기를 조절하거나 부품을 교체해야 하는 경우가 있을 수 있으므로 장비의 심각한 결함, 수화기의 음압에 있어서 오차가 발생할 때 또는 오랜 시간이 지났을 때 장비가 명세서대로 작동하지 않는다는 의심이 있을 때 또는 음향교정에서 15 dB 이상 차이가 발생하는 경우에 실시한다.

② 검사기관에 의뢰하여 음압레벨과 직선성 검사, 주파수의 정확성과 검사음의 변조평가, 헤드폰의 잡음과 채널 혼선의 측정 등을 실시한다.

③ 검사기관에서 발행한 정밀교정 기록은 당해 청력검사기를 폐기할 때까지 보존한다.

4.3 보정 기록

① 기능점검과 음향교정에 대한 결과는 기록용지에 작성하고 서명날인 하여야하며, 정밀교정 기록은 검사 기관에서 받아 보관한다.

② 모든 기록은 당해 청력검사기가 폐기될 때까지 보존한다.

5. 검사실 환경

5.1 최대 허용소음레벨

① 청력검사를 실시하는 장소는 조용하여 심리적으로 안정될 수 있는 곳이어야 한다.

② 검사실 환경의 소음레벨은 정확한 청력역치 측정을 위한 검사에 방해가 되지 않을 정도로 낮아야 한다.

③ 선별청력검사로서 단일 주파수나 몇 개의 주파수를 사용할 경우(출장 검진의 경우에 해당)의 주변 환경의 허용소음레벨은 <표 1>을, 역치검사를 500~8,000 Hz의 범위에서 측정하는 정밀청력검사를 할 때(원내 청력부스 안에서의 검진의 경우에 해당)의 청력검사실 내의 최대 허용 소음레벨은 <표 2>를 각각 적용한다.

표 1 선별청력검사시 주변 환경 허용소음레벨 기준

OSHA's HCA	Maximum Permissible Octave-Band SPL (dB)						
	Octave-Band Center Frequency (Hz)						
	125	250	500	1000	2000	4000	8000
	-	-	40	40	47	57	62

※ OSHA : Occupational Safety and Health Administration, HCA; Hearing Conservation Amendment

표 2 정밀청력검사시 청력부스 내 허용소음레벨 기준(ISO 8253-1)

1/3 옥타브밴드중심 주파수(Hz)	최대허용대기음압레벨 Lmax(기준 : 20μ Pa)(dB)	
125	51	28
250	37	13
500	18	8
1,000	23	7
2,000	30	8
4,000	36	2
8,000	33	15

※ 측정조건 설정 Frequency weighting : Z(Linear); Time weighting(response time) : slow; Mode : SPL; 측정시간 : 1분 이상; 청력검사를 진행할 때와 동일한 환경에서 측정.

5.2 소음측정기

소음수준의 측정에 사용하는 소음측정기(sound level meter)는 옥타브 필터 측정력을 갖춘 IEC 61672-1 기준 또는 그 이상의 성능을 가진 것이어야 한다.

5.3 소음 측정방법

① 청력검사실 내 소음레벨의 측정은 청력검사를 받을 피검자의 귀 위치에서 실시하여야 하며 측정시 측정자의 신체가 소음레벨 측정에 영향을 주어서는 안 된다.

② 소음레벨 측정은 청력검사시 소음이 발생할 것으로 예상되는 모든 기기, 예를 들면 공기정화기, 조명, 전원, 청력검사기 등을 모두 가동한 상태에서 실시한다.

5.4 측정 주기

청력검사실 내 소음레벨의 측정은 출장 건강진단의 경우는 해당일, 내원 건강 진단의 경우에는 장소, 환경 및 소음원의 변동이 없는 경우 연 1회 이상 측정한다.

5.5 기록의 보존

청력검사 실내의 소음레벨을 측정한 결과는 기록하여 보존한다.

6. 청력검사 방법

6.1 청력검사 방법의 개요

① 피검자가 헤드폰을 통해 소리를 감지하면 손을 들거나 반응스위치를 눌러서 반응하게 한다.

② 검사자는 양쪽 귀에서, 각 주파수에서 역치를 결정할 때까지 정해진 방법에 의하여 순음 강도를 변화시켜 나간다.

6.2 청력검사를 하기 위한 사전 준비

① 당일 첫 검사를 하기 전에 10분 이상 청력검사기를 가동시켜 예열한다.

② 10분 이상 가동된 청력검사기의 작동상태(기능)를 완전하게 점검한다.

③ 기능점검을 실시한 후 그 결과를 기록·보존한다.

6.3 청력검사를 위한 유의사항

① 청력검사는 소음 노출이 중단된 후 14시간 이상 경과한 피검자에 대해서만 실시한다.

② 피검자에게 청력검사의 목적과 반응방법에 대해 설명한다.

③ 검사 도중 일련의 음을 듣게 될 것이라고 알려주며, 음을 들었거나 들었다고 생각할

때 즉시 반응하도록 지시한다.

④ 피검자의 반응은 반응스위치를 누르거나 손을 들게 한다.

⑤ 피검자는 검사자가 청력검사기를 조작하는 것을 보지 못하게 한다.

⑥ 검사 전에 귓바퀴에 헤드폰을 정확하게 장착하기 위하여 안경, 머리핀, 헤어밴드, 클립, 껌 등은 검사 전에 제거한다. 그리고 헤드폰 아래 귓바퀴가 접히지 않도록 주의하며 헤드폰과 귓바퀴 사이에 머리카락이 끼지 않게 한다.

6.4 기도 청력검사 방법

6.4.1 선별청력검사

일반건강진단에서 1,000 Hz, 특수건강진단에서 2,000 Hz, 3,000 Hz, 4,000 Hz에서 청력을 확인한다.

6.4.2 정밀청력검사

① 헤드폰은 음원의 중심부가 외이도 중심축과 직각이 되도록 잘 착용시킨다(적색 : 오른쪽 귀, 청색 : 왼쪽 귀).

② 헤드폰은 검사자가 씌워주어야 하며 피검자가 되도록 만지지 않게 한다.

③ 청력검사는 청력이 더 좋은 쪽부터 시작하며 어느 쪽이 더 청력이 좋은지 모르는 경우에는 오른쪽 귀부터 실시한다.

④ 주파수는 1,000 Hz부터 시작해서 2,000 Hz, 3,000 Hz, 4,000 Hz, 6,000 Hz의 순으로 검사하고 1,000 Hz에서 재검사를 한 후 500 Hz, 250 Hz의 순으로 한다.

⑤ 신호의 제시 방법에는 상승법, 하강법, 수정상승법이 있으며 이 중 수정상승법을 표준청력검사로 사용한다.

⑥ 수정상승법은 30 dB HL에서 시작하여, 피검자가 들을 수 있을 때까지 20 dB씩 상승시킨다.

⑦ 검사자가 보낸 신호에 피검자가 일단 반응한 후에는, 피검자가 음을 들을 수 없어서 반응을 하지 않을 때까지 다시 10 dB씩 강도를 줄여 나간다.

⑧ 피검자가 신호음에 반응하지 않는 강도에 도달했을 때, 검사신호에 대한 반응이 관찰될 때까지 강도를 다시 5 dB씩 높인다.

⑨ 피검자가 신호음에 다시 반응하면 신호음의 강도를 10 dB씩 줄인다(5 dB 증가, 10 dB 감소의 규칙을 따른다).

⑩ 역치가 결정될 때까지 10 dB 하강, 5 dB 상승과정을 반복한다.

⑪ 역치는 수정상승법의 일련의 과정 중에서 피검자가 동일한 주파수에서 3회의 신호를 보낸 것 중 적어도 2회 이상의 반응을 보이는 가장 낮은 수준으로 정의한다.

⑫ 자극지속시간으로 음을 1~2초간 주어야 하며 자극간격은 불규칙적으로 한다.

⑬ 1,000 Hz에서 행한 재검사 결과가 이전 검사결과와 ±10 dB 이상이면, 다시 설명하고 재검사를 실시한다.

⑭ 같은 방법으로 다른 귀에 대해 검사한다.

⑮ 청력도에 역치를 기록한다. 우측 귀의 기도 역치는 빨간색 '○'으로 표기하며, 좌측 귀의 기도 역치는 파란색 '×'으로 표기한다〈그림 1〉.

⑯ 검사자는 피검자의 이름, 검사 날짜를 기입한 후 청력도에 서명한다.

6.5 골도 청력검사 방법

① 골진동기를 유양돌기 부분에 고정시키고 500, 1,000, 2,000, 3,000, 4,000 Hz에서 역치를 측정한다.

② 골진동기의 착용 부위만 제외하고는 검사 방법에 있어서 기도 청력검사 방법과 동일하다.

③ 청력도에 역치를 기록한다. 우측 귀의 골도역치는 빨간색 '<'으로 표기하며, 좌측 귀의 골도 역치는 파란색 '>'으로 표기한다〈그림 1〉.

6.6 차폐 방법

6.6.1 기도 청력검사 차폐

① 기도 청력검사시 난청이 심한 쪽을 검사할 때 자극음이 반대쪽 귀로 교차하여 좋은

쪽 귀가 반응하지 않도록 차폐잡음을 주어 차단한다.

② 임상현장에서 전 주파수에 평균적으로 적용되는 헤드폰의 양귀 사이의 이간감쇠 (interaural attenuation) 레벨은 40 dB이며, 삽입이어폰의 경우 60 dB이다.

③ 기도 청력검사 차폐가 필요한지 판단은 다음과 같다. 기도 청력검사에서 검사 귀(청력이 나쁜 귀, TE)에 제시한 큰 소리가 반대 측 귀로 전달되어 비검사 귀(청력이 좋은 귀, NTE)의 기도 혹은 골도로 이를 들을 수 있다면 차폐가 필요하다. 즉 검사 귀의 기도 역치에서 이간감쇠를 뺀 값이 비검사 귀의 기도 역치 혹은 골도역치와 같거나 큰 경우, 기도 청력검사 차폐가 필요하다〈표 3〉.

④ 최소 유효차폐수준을 결정한다. 검사 귀에 제시한 소리가 비검사 귀로 전달된 경우 전달된 소리보다 10 dB (안전값, safety value) 가량 더 큰 소리를 차폐소음으로 제시하면서 동시에 검사 귀에는 검사 신호음을 제시한다〈표 3〉. (단, 안전값은 5~15 dB를 제시할 수 있다.)

⑤ 순음과 유사한 주파수 특성을 보이는 협대역잡음을 차폐소음으로 사용한다. 피검자의 양측 귀에 서로 다른 종류의 소리를 제시하게 되므로 검사자는 피검자에게 "쉬~"하는 차폐소음을 무시하고 이제까지 들었던 "삐~"하는 소리를 듣고 반응을 해줄 것을 설명한다.

⑥ 만약 검사 귀로 검사 신호음을 들었다고 반응하면 차폐소음의 레벨을 5 dB 상승한다. 만약 검사 귀로 소리를 듣지 못하면 검사 신호음을 5 dB 상승한다. 차폐소음을 5 dB 씩 연속 증가하여 15 dB 이상 증가하였음에도 불구하고 (최소 15 dB의 차폐음 증가 필요) 검사 귀에 제시한 동일 강도의 신호음을 연속하여 모두 들었다고 반응하였다면 참 역치로 결정한다.

⑦ 차폐 후 역치 표기는 다음과 같다. 청력도에 차폐 후 기도 역치를 차폐 전기도 역치와 함께 기입한다. 차폐 시행 후 우측 귀의 기도 역치는 빨간색 '△'으로 표기하며, 차폐 시행 후 좌측 귀의 기도 역치는 파란색 '□'으로 표기한다〈그림 1〉.

⑧ 차폐음 범위 표기는 다음과 같다. 검사 귀의 반응 여부에 따라 차폐음의 범위가 함께 변화하므로 어느 정도의 차폐음을 제시하였는지 차폐범위를 기록해야 한다. 차폐음의 최소 레벨부터 최대 레벨을 모두 적는 것이 아니라 차폐소음을 연속 증가

하였을 때 검사 귀에서 연속 반응한 범위를 써야 함에 주의하게 한다. 기도차폐에서 우측 귀가 청력이 나쁜 귀(검사 귀)였고 좌측 귀가 청력이 좋은 비검사 귀였다면 차폐음 범위는 실제로 차폐음을 제시한 좌측 귀의 범위 기입란에 수치를 기입한다.

⑨ 저강도의 차폐음을 비검사 귀에 제시한 경우 비검사 귀에서 검사 귀에 제시한 소리를 여전히 듣고 대신 반응할 수 있다. 이러한 경우 저차폐(undermasking)가 발생하였다고 한다. 반대로 고강도의 차폐음을 비검사 귀에 제시한 경우 그 소리가 비검사 귀에서 검사 귀로 전달되어 검사 귀가 신호음을 듣는 것을 방해할 수 있다. 이러한 경우 과차폐(overmasking)가 발생하였다고 한다. 위에서 설명한 저차폐 혹은 과차폐가 발생하면 차폐소음을 주었다 하더라도 검사 귀의 참 역치를 제대로 구할 수 없다.

6.6.2 골도 청력검사

① 좌측 귀의 골도 청력검사를 위해 좌측유양돌기에 골진동기를 위치시키고 소리를 제시하면 좌측 내이뿐 아니라 우측 내이에도 소리에너지가 전달된다. 어느 쪽 귀에 골진동기를 위치하였던 상관없이 양이에 모두 소리가 전달되므로 골도 검사시 적용하는 이간감쇠 값은 0 dB이다.

② 골도차폐가 필요한지 판단은 다음과 같이 한다. 검사 귀의 기도와 골도역치를 확인한 결과 검사 귀의 차폐 후 기도역치보다 골도역치가 15 dB 이상 더 좋다면 검사 귀의 반응인지 비검사 귀가 대신 들은 반응인지 알 수 없으므로 비검사 귀를 차폐하여야 한다〈표 3〉. 즉, 검사 귀 청력역치의 기도 골도차(ABG)가 15 dB 이상이면 검사 귀의 골도역치가 검사 귀의 참 역치인지 확인하기 위해 골도차폐를 시행해야 한다.

③ 최소 유효차폐수준을 결정한다. 골진동기를 사용할 경우 이간감쇠가 없으므로(IA = 0) 기도 청력검사와 다른 방법으로 차폐를 실시해야 한다. 골도차폐를 위해 비검사 귀에 차폐음을 제시하기 위해 헤드폰이나 삽입이어폰을 착용하게 된다. 이와 같이 헤드폰 혹은 삽입이어폰으로 외이도를 막을 경우 저주파수 소리가 더 잘 들리는 현상인 폐쇄효과(occlusion effect, OE)가 발생한다. 따라서 더 잘 들리게 된

값만큼 차폐소음의 강도를 더 크게 하여 최소 유효차폐레벨을 구한다〈표 3〉.

④ 기도 청력검사 차폐와 마찬가지로 협대역잡음을 차폐소음으로 사용한다. 비검사 귀에 귀마개헤드폰 혹은 삽입이어폰을 착용하여 기도로 차폐소음을 제시하고, 검사 귀에 골진동기를 착용하여 골도로 검사 신호음을 제시한다.

⑤ 골도 청력검사 차폐 시 헤드폰과 골진동기를 함께 착용하여야 하므로 대상자가 불편할 수 있음을 미리 알려주는 것이 좋다. 피검자에게 "쉬~"하는 차폐소음은 무시하고 이제까지 들었던 "삐~"하는 검사 신호음을 듣고 반응을 해줄 것을 설명한다.

⑥ 만약 검사 귀로 검사 신호음을 들었다고 반응하면 차폐소음의 레벨을 5 dB 상승한다. 만약 검사 귀로 소리를 듣지 못하면 검사 신호음을 5 dB 상승한다. 차폐소음을 5 dB 씩 연속 증가하여 15 dB 이상 증가하였음에도 불구하고 (최소 15 dB의 차폐음 증가 필요) 검사 귀에 제시한 동일 강도의 신호음을 연속하여 모두 들었다고 반응하였다면 참 역치로 결정한다.

⑦ 차폐 후 역치표기는 다음과 같다. 차폐전 골도역치를 기입한 청력도에 차폐 후 골도역치를 함께 기입한다. 차폐 시행후 우측 귀의 골도역치는 '[', 차폐 후 좌측 귀의 골도역치는 ']' 로 표기한다〈그림 1〉.

⑧ 차폐음 범위 표기는 위의 기도 청력검사차폐를 위한 방법과 같다.

⑨ 주의할 점은 다음과 같다. 기도차폐와 마찬가지로 골도차폐시 저차폐 혹은 과차폐가 발생하지 않았는지 확인해야 한다. 특히 양이 모두 전음성 난청을 가진 경우 헤드폰 사용시 과차폐의 가능성이 있다.

⑩ 폐쇄 효과는 골도검사시 반대측 귀를 차폐할 때 이어폰 때문에 음압이 증가되어 더 잘 듣게 되는 현상으로 주파수별 증가하는 음압은 다음 〈표 4〉와 같다.

표 3 기도 및 골도차폐의 필요 및 최소차폐레벨

	차폐가 필요한 경우	최소 및 최대 차폐레벨
기도차폐 검사	TE ACT − IA ≥ NTE ACT 혹은 TE ACT − IA ≥ NTE BCT	Min: Presentation level − IA Max : TE ACT (참값) + IA
골도차폐 검사	TE ABG ≥ 15	Min : Presentation level + OE Max : TE BCT (참값) + IA

※ TE(test ear) : 청력이 나쁜 검사 귀, NTE(non-test ear) : 청력이 좋은 비검사 귀,ACT(airconduction threshold) : 기도청력역치, BCT(bone conduction threshold) : 골도청력역치, IA(interaural attenuation) : 이간감쇠, SV(safety value) : 안전값, ABG(air-bone gap) : 기도골도역치차, OE(occlusion effect) : 폐쇄값.

※ 주파수 별 OE 값은 〈표 4〉를 참조한다. 유효차폐범위는 위의 공식에서 안전값을 고려한 범위이다.

표 4 주파수별 폐쇄 효과에 의해 증가하는 음압 수준

주파수(Hz)	250	500	1,000	2,000 이상
헤드폰	15	15	10	0

6.7 청력도 작성 방법

① 청력역치는 청력도에 기호로 기입하여 그래픽 형식으로 나타낸다.

② 청력도는 다음과 같이 표시한다〈그림 1〉.

㉠ 청력도에서 가로축은 소리의 주파수(단위 : Hz)를 표시하며 125～8,000Hz를 포함한다. 세로축은 소리의 강도(단위 : dB HL)를 표시하며 −10～120 dB HL을 포함한다.

㉡ 가로축의 1옥타브 길이와 세로축의 20 dB HL 길이는 서로 상응하여 정사각형을 이룬다.

㉢ 1옥타브 주파수 간격선(500, 1,000, 2,000, 4,000, 8,000 Hz)과 10 dB HL 간격선은 실선으로 그리며, 반 옥타브(750, 1,500, 3,000, 6,000 Hz)는 점선으로 그린다.[1)]

1) 옥타브란 주파수 간격을 나타내는 하나의 척도로서, 2개의 주파수 비가 1:2일 때 양 주파수 간의 간격을

ⓔ 0 dB HL은 굵은선으로 눈에 띄게 표시한다.

③ 청력역치는 〈그림 2〉의 기호로 다음과 같이 표시한다.

㉠ 오른쪽 귀의 청력역치는 적색, 왼쪽 귀는 청색으로 표시한다.

㉡ 기도역치 기호는 기호의 중간점이 검사 주파수(Hz) 수직축과 청력수준(dB HL) 수평축의 교차점을 중심으로 위치한다. 동일 주파수에 대한 좌우 기도역치가 동일하다면 각 기호는 같은 위치에 겹쳐서 위치한다. 차폐를 하지 않은 기도역치는 오른쪽 '○', 왼쪽 '×'로 표시하며, 기도 차폐역치는 오른쪽 '△', 왼쪽 '□'로 표시한다.

㉢ 골도역치 기호는 청력수준 수평축을 중심으로 오른쪽 기호는 검사 주파수 수직축 왼쪽에, 왼쪽 기호는 검사 주파수 수직축 오른쪽에 위치한다. 골도역치 기호는 검사 주파수 수직축에 가깝지만 주파수 수직축 및 기도 역치 기호와 접촉하지 않게 위치한다. 차폐를 하지 않은 골도역치는 오른쪽 '<', 왼쪽 '>'로 표시하며, 골도 차폐역치는 오른쪽 '[', 왼쪽 ']' 로 표시한다.

㉣ 청력검사기의 최대출력에 해당하는 소리를 제시하였는데도 검사 귀에서 들었다고 반응이 없으면(무반응), 해당하는 기호 아래에 화살표를 붙여 반응이 없었음을 표기한다. 오른쪽 기호의 화살표는 왼쪽 45도 각도로 그리고, 왼쪽 기호의 화살표는 오른쪽 45도 각도로 그린다.

④ 기도역치 기호는 직선으로 연결한다. 골도역치 기호는 선으로 연결하지 않으나, 기도-골도 역치 차이가 있을 경우 점선으로 연결할 수 있다. 선은 역치 기호에 인접하게 그리되 닿거나 통과하지 않는다. 무반응 기호는 선으로 연결하지 않는다.

⑤ 청력검사지에는 청력도 외에 검사일시, 수검자·검사자 정보, 차폐범위, 이경 검사·고막운동성검사 결과, 청력 관련 문진 등의 추가 정보를 포함할 수 있다. 청력검사지 작성은 [부록]의 예시를 참고한다.

의미한다. 1,000 Hz를 기준으로 하여 500, 1,000, 2,000, 4,000, 8,000 Hz가 1옥타브에 해당하며, 750, 1,500, 3,000, 6,000 Hz가 반 옥타브에 해당한다.

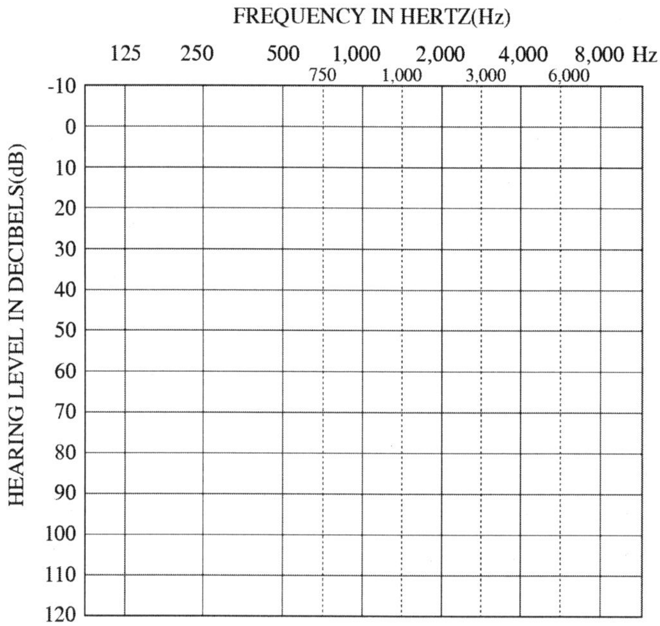

그림 1 표준 청력도[2)]

종류		반응		무반응	
		우	좌	우	좌
기도	비차폐	○	×	○↙	×↘
	차폐	△	□	△↙	□↘
골도	비차폐	<	>	<↙	>↘
	차폐	[	]	[↙	]↘

그림 2 청력도 상에서의 기도, 골도역치 표시 방법

2) ASHA Guidelines : Audiometric Symbols

[별지 서식] 청력검사기 일일 점검표

청력검사기기 일일 점검표

(Daily Calibration Checklist)

◎ 청력검사기기명 : ______________ S/N ______________

◎ 점 검 일 시 : ______________ 년 ______________ 월

	항목	점검 방법	1	2	3	4	5	6	7	8	9	10	11	12	13	14	15	16	17	18	19	20	21	22	23	24	25	26	27	28	29	30	31
1	이어폰 코드 (Earphone cords)	2000 Hz 순음을 50 dB HL에서 점검. 코드의 연결부근을 흔들면서 지직거리는 소리 또는 끊어지는 소리가 없는지 확인																															
2	강도 (Output levels)	각 주파수에서 30 dB HL로 두 이어폰의 강도가 동일함을 확인																															
3	주파수 (Frequencies)	60 dB HL에서 250부터 8000 Hz까지 주파수를 변화시킬 때 일정한 변화량을 확인																															
4	강도변화 (Attenuator)	2,000 Hz에서 0~90 dB HL까지 강도를 증가시킬 때 지직거리는 소리 또는 갑작스런 증가가 없는지 확인																															
5	Interruptor 스위치	2,000 Hz 60 dB HL에서 스위치를 켜고 끌 때 부드럽고 지직거리는 소리가 없는지 확인																															
6	어음 회로 (Speech Circuit)	마이크를 통해 50 dB HL에서 VU meter를 0으로 맞추고 말할 때 청취자가 이어폰의 음질 이상 유무를 확인																															
7	스피커 강도 (Speaker Output)	마이크를 통해 50 dB HL에서 VU meter를 0으로 맞추고 말할 때 청취자가 스피커의 음질 이상 유무 확인																															
8	골 진동체 (Bone Oscillator)	2000 Hz 순음 50 dB HL에서 음질 이상 유무 확인																															
9	청력역치 수준이 안정된 사람의 역치 수준을 기준으로 하여 좌우 귀에서 1,000 Hz, 4,000 Hz의 순음에 대한 역치전이 관찰(10 dB 이내)	1,000 Hz 오른쪽 귀																															
		1,000 Hz 왼쪽 귀																															
10		400 Hz 오른쪽 귀																															
		400 Hz 왼쪽 귀																															
11	서명(Sign)																																

[부록] 청력검사지 예시

등록번호	○○○○-○○○○		
성명	○○○		
생년월일	. . .	성별	남/여
나이	세		
검사일자	. .		

청력검사지(예시)

검사자 : ________________ (확인)

Audiometer : ________________

I. Pure Tone Audiogram

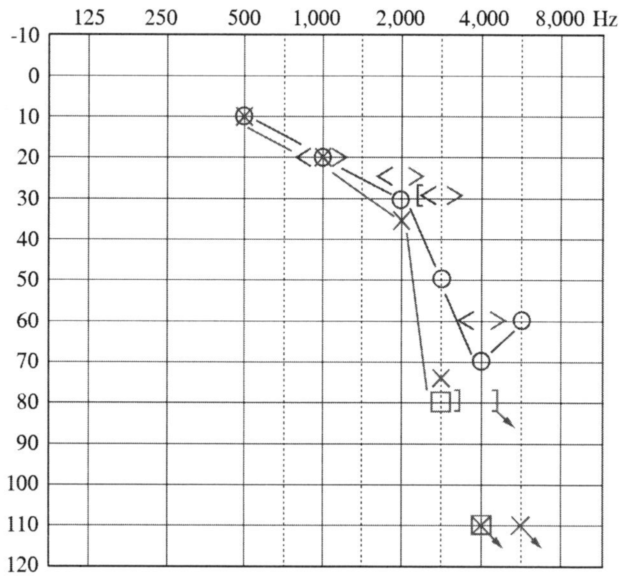

		250	500	1,000	2,000	3,000	4,000	6,000	8,000
Mas-king	RA					80-95	*90*		
	RB					100-110*	*95*		
	LA								
	LB					50-65			

* 차폐소음 최대 110

		Air		Bone	
Unmasked	R	○	○↙	<	<↓
	L	×	×↘	>	>↓
Masked	R	△	△↙	[	[↓
	L	□	□↘	]	]↓
Rel.	R				
	L				

II. Otoscopy

R	*정상*
L	*정상*

III. Tympanometry

	Type	비고
R	*A*	
L	*A*	

IV. Pure Tone Average

	3분법	4 kHz	비고
R	*20*	*70*	
L	*21.7*	*110*	

◎ 최종 결과판정

	판정등급	조치사항
R	*C1*	*보호구 착용*
L	*C2*	*보호구 착용*

판정의사 ____________ (확인)

◎ 기타 특이사항 :

예시) 과거 이과적 질환 관련 병력사항 : 고막천공, 중이염, 이경화증, 청각장애 ○급, 기타 등

군대 주특기 : 보병, 포병, 통신병, 행정병, 기타 등

소음노출 후 ( ) 시간, 소음작업장 근무경력 ( ) 년 등

지침 개정 이력

□ 개정일 : 2021. 10.

○ 개정자 : 한국산업안전보건공단 산업안전보건연구원 최윤정

○ 개정사유

- 2019년 연구*에서 청력도 작성의 중요성을 제언하며 그 세부 작성법을 제안

* 소음 노출 근로자 건강진단 판정 기준 세부지침 개발 연구(산업안전보건연구원, 2019)

- 국제표준화기구(ISO)* 및 미국언어청각협회(ASHA)** 등 국제 가이드 반영 필요

* ISO 8253-1 Acoustics-Audiometric test methods- Part 1 : Pure-tone air and bone conduction audiometry

**ASHA Guidelines : Audiometric Symbols

○ 주요 개정내용

- 표준 청력도 작성방법 제시
- 청력기호 표시 방법 구체화
- 관련 법령 최신화

찾아보기

참고문헌

산업보건학. 가톨릭대학교 의과대학 예방의학교실. 2003.

산업위생. 김광종 외. 신광출판사. 2004

산업위생관리 기술사. 서영민 외. 성안당. 2018

소음진동학. 안전공학협회. 해문당. 1998

청력보존프로그램. 산업안전보건공단

건축 음향설계 방법론. 김재수 외. 서우. 2001

실내건축재료학. 김형돈 외. 한국이공학사. 2001

건축과 음향. 강성훈. 음향기술산업연구소. 2005

건설업 근로자의 유해 작업환경 노출 실태에 관한 연구. 최재욱 외. 한국산업위생학회지. 2000;10:74-92

경도방재 홈페이지(http://www.kdfire.co.kr/)

산업안전보건법. 고용노동부. 2018

건축재료의 이해. 길정천. 야정문화사. 2005

생활속의 소음진동. 사종성 외. 청문각. 2017

소음진동 기술사. 서영민 외. 예문사. 2018

최신 소음진동학. 김희강 외. 동화기술. 1998

현장 소음대책. 편집부. 효성. 1994

소음성난청 예방대책. 기술자료. 1994

소음 진동학. 박상규 외. 동화기술. 2001

작업환경 소음진동관리. 안전보건공단 기술자료. 1993

소음 진동(이론과 실무). 정일록. 신광문화사. 1991

최신 소음 진동. 정일록 외. 신광문화사. 2023

자동차 소음진동. 김재휘. 골든벨. 2019

선로공학. 서사범. BG북 갤러리. 2019

소음진동학. 김재수. 세진사. 2024

작업환경 소음진동학. 아시아소음진동 연구소. 와이북. 2013
기어의 진동소음. 박찬일. 홍릉. 2023
소음진동 기술자. 씨익북스 편집부. 씨익북스. 2024
소음진동 제어공학. 김장호. 지구문화사. 2007
소음진동학. 김재용 외. 화수목. 2015
https://www.silvent.com/
Google.com 이미지
Fundamentals of Industrial Hygiene. 3rd. ed. Batinal Counsil. 1988
Fundamentals of Noise control engineering. Albert Thumann. P.E. The Fairmont Press, Inc
ISO Recommendation R 131:Expression of the Physical and Subjec-tive Magnitudes of Sound or Noise. 1959
OSHA Technical Manual. OSHA. 1990
Noise & Hearing Conservation Manual. Elliott H. Berger. 1986
Fundamentals of Noise Control Engineering. Albert Thumann, P.E. and Richard K, Miller. 1986
https://v.daum.net/v/20220505075612424?x_trkm=t 지디넷코리아
silvent.com 16.KO
American National Standard Specification For Personal Noise Dosimeters. ANSI S1.25-1991
Handbook of Industrial Noise Management. Richard K. Miller. The Fairment pree. 1976
Noise Control Engineering Journal. Vol 37. NO 1. Page 5-11. 1991
Noise Vibration Control. L.L. Beranek. McGraw-Hill. 1988
International Organization for Standardizationn(ISO). ISO 1999: Acoustics-Determination of Occupational Noise Exposure and Estimation of Noise-Induced Hearing Impairment. Geneva, Switzerland: ISO. 1990.

Wu TN, Liou SH, Shen CY, Hsu CC, Chao SL et al. Surveillance of noise-induced hearing loss in Taiwan, ROC: a report of the PRESS-NHL results. Prev Med 1998;27(1):65-69. doi: 10.1006/pmed. 1997.0238.

The Center for Construction Research and Training (CPWR). Electronic Library of Construction Occupational Safety & Health. How to prevent noise-induced hearing loss in construction. CPWR, 2015

Ringen K, Seegal J. Safety and health in the construction industry. Annual Rev Public Health 1995;16:165-188. doi: 10.1146/annurev.pu.16.050195.001121.

Neitzel R, Stover B, Seixas N. Longitudinal assessment of noise exposure in a cohort of construction workers. Ann Occup Hyg 2011;55(8):906-916. doi: 10.1093/annhyg/mer050.

Ministry of Employment and Labor(MoEL). Notice on measurement and evaluation of working environment (MoEL Public Notice No. 2016-39). 2016b.

Ministry of Employment and Labor(MoEL). Rules for occupational safety and health standards(MoEL Ordinance No. 263). 2019

Ministry of Employment and Labor(MoEL). Industrial Accident Compensation Insurance Act. Occupational Diseases Criteria. Presidential Decree 30760. 2020.

Leensen MC, van Duivenbooden JC, Dreschler WA. A retrospective analysis of noise-induced hearing loss in the Dutch construction industry. Int Arch Occup Environ Health 2011;84 (5):577-590. doi: 10.1007/s00420-010-0606-3

| 저자소개 |

양 홍 석

- 공학박사
- 산업위생 기술사, 산업보건 지도사 등
- 현) 고려대학교 보건환경융합과학부 겸임교수
  숭실대학교 안전융합대학원 겸임교수
  한국안전보건연구소 대표
  한국산업안전보건지도사협회 명예회장

저서

- 최신 작업환경관리(2019)
- 산업위생관리 기술사(2017)
- 안전경영과학론(2006)
- 안전용어사전(2005)
- 근로자를 위한 52주 보건교육(1996)

작업환경 소음관리

1판 1쇄 발행 2025년 2월 20일

저자 양홍석
발행인 서철종
발행처 도서출판 지우북스
주소 경기도 파주시 문발로 115 세종출판벤처타운 209호
전화 031-915-6670(代)
팩스 031-915-6671
이메일 jwbooks@nate.com
홈페이지 www.jwbooks.co.kr
출판등록 제406-251002017-000032호
ISBN 979-11-92639-30-7 93530

정가 20,000원